孕产期营养配餐每日方案

妇产科知名专家　赵天卫 / 主编

中国农业出版社

图书在版编目（CIP）数据

孕产期营养配餐每日方案 / 赵天卫主编. -- 北京：
中国农业出版社，2015.12
ISBN 978-7-109-20619-9

Ⅰ.①孕… Ⅱ.①赵… Ⅲ.①孕妇－妇幼保健－食谱
②产妇－妇幼保健－食谱 Ⅳ.①TS972.164

中国版本图书馆CIP数据核字(2015)第145852号

中国农业出版社出版
（北京市朝阳区麦子店街18号楼）
（邮政编码100125）
策划编辑　李梅
责任编辑　李梅

北京中科印刷有限公司印刷　新华书店北京发行所发行
2016年1月第1版　2016年1月北京第1次印刷

开本：889mm×1194mm　1/20　印张：18
字数：400千字
定价：39.00元
（凡本版图书出现印刷、装订错误，请向出版社发行部调换）

前言

对每位父母而言，孕育生命，都是人生重中之重的大事。如何帮助宝宝奠定好的身体基础，帮助宝宝赢在起跑线上，是每一位准妈妈和准爸爸最为关心的话题。

十月怀胎，准妈妈调动全身的每一个细胞为胎宝宝"服务"，全心全意孕育着腹中的骨肉。准妈妈吸收了多少营养，以及营养比例是否合理，决定了胎宝宝的发育情况。宝宝出生后，妈妈还要为宝宝准备营养丰富的乳汁，以供宝宝健康成长。所以，无论是身怀六甲的准妈妈还是处于哺乳期的新妈妈，都要认真对待"吃"这件人生大事。本书的目的，就是帮助每一位准妈妈和新妈妈吃得丰富，吃得营养，吃得健康。

处于孕产期的妈妈们，并不一定要大鱼大肉，而是应该在不同的时期，采用正确的方式，选择合理的食物，均衡补充营养元素。尤其是在胎宝宝发育的关键期，准妈妈要有针对性的补充重点营养素，安排好自己的饮食结构和饮食内容，明白自己该吃什么，该怎么吃，这才是孕产期饮食的关键所在。

本书正是本着这样的原则，科学列出了营养、安全、合理的孕产期营养注意事项以及丰富的菜谱，帮助处于孕产期的妈妈们学会如何孕育以及哺乳宝宝。与此同时，妈妈们还能收获自己的健康。

Part 01
孕1月 合理饮食助力优孕

Part 02

孕2月 调整饮食缓解孕吐

Part

孕 3 月　注意补充微量元素

Part 04

孕4月 饮食要合理搭配

孕5月 避免营养过剩

孕6月 防止营养流失

Part 07

孕7月　重点补充益智食品

Part **08**

孕8月　加餐更需多样化

Part 09

孕9月　要注意淡味饮食

Part 10

孕 10 月　灵活进食助安产

Part 11

坐月子 注意开胃和滋补

Part 01

孕1月
合理饮食助力优孕

　　孕1月，是胎宝宝形成和发育的关键期，准妈妈在孕早期正确地补充营养，有助于胎宝宝在妈妈的子宫里顺利安家，茁壮成长。可以说，准妈妈吃的每一份食物都影响着胎宝宝的未来。

提早进行营养储备

怀孕 001 天

只有提早进行营养储备，才能保证精子和卵子的质量，让新生命诞生在"全面营养"上。

给身体补水很重要 ♥

你可能还不知道吧，身体内的水分能够帮助清除体内的各种代谢毒物，使身体的免疫功能得到增强，为胎宝宝提供一个良好的生长发育环境。正在备孕的夫妻平时应该少喝人工制作的饮料、果汁，多喝经过煮沸后自然冷却的白开水，这样的水具有独特的生物活性，对怀孕很有好处。

让饮食增强精子和卵子的活力 ♥

很多夫妻有不育不孕的情况，大多是由于精子或者卵子的活力不够强。所以，备孕夫妻日常生活中可以多吃瘦肉、蛋类、肝脏、豆类及豆制品、海产品、新鲜蔬菜以及时令水果等，使精子和卵子的某些缺陷得到改善，提高自己的"孕"气。

饮食上回归自然 ♥

在准备怀孕的时候，准爸爸和准妈妈应该多食用新鲜、无污染的蔬菜、瓜果等，可在餐桌上加一些野菜和野生食用菌，让自己的饮食回归自然，这样有助于产生高质量的精子和卵子，进而形成优良的胚胎。

饮食上要多样化 ♥

由于不同的食物所含的营养素不同，营养含量也不一样，所以在准备怀孕时，夫妻二人应该注意摄入均衡的营养。多样化的饮食可以使夫妻二人体内拥有充分、全面的营养储备。

今日提醒

母体营养状态的好坏、多寡对健康孕育很重要，所以在准备妊娠前半年，至少3个月，女性朋友即要开始加强营养调理。当然，要想孕育优秀的下一代，男性的饮食也不可忽视。

多样食物让你先排毒

我们每天都会不可避免地接触一些"有毒物质"，如汽车尾气、果蔬上的农药等。怀孕前，让食物来帮忙，把这些"有毒物质"清理出去。

韭菜 ❤

韭菜富含挥发油、膳食纤维等，其中含有的粗纤维有助于吸烟者、饮酒者排毒。

豆芽 ❤

豆芽含有多种维生素，不仅能清除体内致畸物质，还能够促进性激素的生成。

芹菜 ❤

芹菜含有的丰富膳食纤维可以带走我们体内的废物，通便排毒。此外，芹菜还可以调节体内水分的平衡，改善睡眠。

魔芋 ❤

魔芋是有名的"胃肠清道夫""血液净化剂"，能清除肠壁上的废物。

海藻类 ❤

海带、紫菜等海藻类食物，能促使体内的放射性物质随大便排出体外。

动物血 ❤

其中的血红蛋白被胃液分解后，可与人体的烟尘和重金属发生反应，提高淋巴细胞的吞噬功能，还有补血的作用。

香蕉 ❤

香蕉可以润肠和减肥，防止血压上升、肌肉痉挛，同时消除疲劳，提高免疫力，预防直肠癌。

苹果 ❤

苹果中含有的半乳糖荃酸有助于排出毒素，果胶还能够避免食物在肠道内腐化。

牛奶和豆制品 ❤

牛奶和豆制品所含的丰富钙质是有用的"毒素搬移工"，能够促进体内毒素的排出。

怀孕 003 天 赶快养成科学的饮水习惯

为了给宝宝创造一个良好的发育环境，也为了自己的健康，准备怀孕的女性应该赶快形成科学的饮水习惯。

🍼 起床后喝一杯白开水 ❤

研究表明，白开水对人体有"内洗涤"的作用。早饭前 30 分钟喝 200 毫升 25～30℃的新鲜白开水，可以温润胃肠，促进消化液分泌，以增进食欲，刺激肠胃蠕动，有利于定时排便，防止便秘。早晨空腹饮的水能很快被胃肠道吸收进入血液，使血液稀释，从而加快血液循环。

🍼 不要等到口渴才喝水 ❤

口渴是大脑中枢发出的要求补水的信号。感到口渴说明体内水分已经失衡，需要补充水分。备孕准妈妈应每隔 2 小时饮水 1 次，每日 8 次，共饮水约 1600 毫升。

🍼 不要喝多次烧沸的水 ❤

有的准妈妈可能会觉得冬天凉白开水太凉，刚烧开的水又太热，不能解燃眉之急，因此常将烧开的凉白开加热但是不煮沸，还有人会多次煮沸已经烧开过的水。其实，烧开的水再经过高温

加热后已经产生了对人体有害的亚硝酸盐，多次加热会使水中有害物质的浓度增加，这样的水不是健康饮用水，可能会引起中毒。

怀孕 004 天

小小叶酸作用大

叶酸属于水溶性维生素，它的主要作用是预防胎宝宝神经管畸形，同时，叶酸还是胎宝宝大脑神经发育必需的一种营养素。

 叶酸能促进脑细胞成长 ♥

叶酸是一种水溶性B族维生素，对细胞的分裂生长及核酸、氨基酸、蛋白质的合成有重要作用，是胎宝宝生长发育不可缺少的营养素。准备生育的女性，孕前就应该注意补充充足的叶酸。以免造成胎宝宝神经髓鞘与传递神经冲动节制的原料匮乏，影响大脑与神经管的发育。

 缺乏叶酸的危害 ♥

如果缺乏叶酸的话，准妈妈会出现神经衰弱、萎靡不振、失眠健忘等症状。胎宝宝则可能出现先天性神经管畸形，如无脑儿及脊柱裂等。所以，摄入充足的叶酸是备孕和孕期的关键之一。

叶酸的食物来源 ♥

一般来说，富含叶酸的食物主要为动物肝脏、豆类、深绿叶蔬菜（比如西蓝花、菠菜、芦笋等）、坚果和花生酱、柑橘类水果和果汁、豆奶和牛奶等。

叶酸在人体内不能长时间储存，这就要求准妈妈除了从食物中摄取之外，最好在怀孕前3个月到孕早期3个月，每天补充400微克的叶酸制剂，以满足胎宝宝的生长发育要求。

 专家答疑

Q 叶酸是不是补得越多越好，食补和服用叶酸片可以同时进行吗？

A 叶酸不是补得越多越好。服用叶酸片一定要在医生的指导下进行，因为，叶酸服用过量也会对准妈妈和胎宝宝造成伤害，不可以自己盲目地补充叶酸。一般进入孕中期后就可以停止服用叶酸片了。

怀孕 005 天

贫血女性，调养后再怀孕

患有贫血的女性如果不进行调养，怀孕后就可能出现营养不良，甚至还会加重贫血，其结果是造成胎儿宫内发育迟缓、早产或死胎。

这些女性易贫血

准备怀孕的女性可以看看自己是否属于以下几类人，如果是的话，就要格外警惕贫血的发生。

• 长期喝咖啡、浓茶的人：咖啡可以抑制铁的吸收，浓茶中的鞣酸与铁结合易形成难溶解的物质。

• 不爱吃水果的人：水果中的维生素 C 可以促进铁的吸收。

• 月经过多的女性：女性通常在一次月经期间失去 20 ～ 30 毫克的铁，身体内铁的含量供不应求，很容易导致贫血。

• 长期减肥的人：因减肥而不吃早饭及午饭，或摄入营养不均衡，身体中的铁不但会减少，而且制造血红蛋白的蛋白质等原料也会不足，更容易贫血。

贫血的预防方法

应注意多食含铁丰富的食品，如黑木耳、海带、发菜、紫菜、香菇、猪肝等，还可以选择豆类、肉类、动物血、蛋等。食物中应含有一定比例的动物蛋白，还应多摄入富含维生素 C 的水果等。

 今日提醒

如果孕前很少吃猪肝、血制品、瘦肉，且经常出现头晕、无力、易疲劳、心慌等现象，就有可能在孕期出现贫血。如果眼睑、口唇、指甲发白甚至脸色苍白，都可能是严重贫血的信号，怀孕后更容易出现贫血。

远离烟酒的危害

烟和酒对下一代的危害从受孕前便开始了。因此，备孕或已经受孕的准妈妈和准爸爸应该从备孕时就远离烟和酒。

吸烟的危害 ♥

调查显示，吸烟使女性的生育能力下降。吸烟女性患不孕症的概率比不吸烟者要高2.7倍；如果夫妇双方都吸烟，则不孕的可能性比不吸烟的夫妇要高5.3倍。

怀孕以后吸烟，尼古丁可以使孕妇体内的儿茶酚胺释放增多，从而使孕妇血压升高、心脏负担加重。吸烟更会危害胎儿。尼古丁可以使呼吸道痉挛、子宫血管收缩，影响胎儿氧的供应，导致胎儿缺氧而发生流产。流产多发生在妊娠12～20周。吸烟的孕妇比不吸烟的孕妇发生流产的概率多2倍。

喝酒的影响 ♥

经研究表明，高浓度的酒精会影响精子或卵子的正常生成，使生殖细胞受到损害，受精卵发育不健全。病态的精卵结合所生的婴儿先天素质不良，生长发育迟缓，可造成严重后果。

如果准妈妈在酒后怀孕，可能会导致胎宝宝大脑发育不完全、身体发育迟缓、弱智等。准妈妈长期酗酒，容易造成胎宝宝生理缺陷，甚至是流产、早产或死胎。即使成功分娩，也往往会有小眼睛、眼角向下、眼睑下垂、内眦皲裂等异常，宝宝还可能患有先天性白内障、心脏畸形、视网膜色素异常、小关节畸形等病症。

怀孕 **007** 天

特别注意蛋白质的摄取

蛋白质是胎儿生长发育的基本原料，准妈妈体内蛋白质的贮存量随孕周的增长而增加，以满足母体、胎盘和胎儿生长的需要。

🍼 蛋白质是母体不可或缺的**营养素** ❤

蛋白质直接参与体内激素的生理调节、血红蛋白的运载等。蛋白质帮助宝宝建造胎盘，有促进生长发育和修补组织的作用。胎儿期各种器官功能的发育，都要依靠体内组织蛋白质的合成与积累，蛋白质对胎儿大脑的发育也尤为重要。

🍼 缺乏蛋白质的**危害** ❤

准妈妈如未能充分摄入含有重要氨基酸的蛋白质，会增加孕期贫血、营养不良性水肿、妊娠高血压综合征的发病率。尤其是在怀孕后期，会因血浆蛋白降低而引起水肿，严重影响胎儿身体和大脑的发育。胎宝宝如蛋白质摄入不足，则胎儿脑细胞增殖数量不足，出生后及长大后无法弥补，这种伤害不可逆转。

🍼 蛋白质的**食物来源** ❤

鱼类、肉类、蛋、豆及豆类制品、奶及奶类制品等都是蛋白质的食物来源。

孕早、中期每天需补充蛋白质 70 ~ 80 克。孕晚期每天对蛋白质的需求量为 95 ~ 105 克。其中 30% ~ 50% 应是优质蛋白质（如动物瘦肉、蛋类、奶及豆）。

今日提醒

蛋白质是构成生命的重要成分之一，对大脑的发育起着至关重要的作用。人体中的蛋白质含量约占体重的40%，皮肤、内脏、肌肉、毛发、血液等组织中都有蛋白质，蛋白质是维持大脑活动的基本物质。

怀孕
008
天

多吃水果蔬菜好处多

蔬菜和水果中含有丰富的维生素以及人体必需的多种矿物质，不但水分含量高，还有大量的纤维素，可以促进健康，增强备孕夫妻的免疫力。

备孕女性多吃水果蔬菜有利于排毒 ♥

因为人体内多少会积留一些毒素，这些毒素会给孕期的健康生活带来一定的影响，所以女性在孕前最好多吃有助于排毒的食物（如水果蔬菜），以便给胎宝宝创造一个良好的环境。

在备孕期间，要经常适量食用新鲜的蔬菜水果，如芦笋、韭菜、番茄、苹果、橘子、香蕉等，这些食物均含有丰富的维生素及膳食纤维，能够帮助排出毒素。

备育男性多吃蔬菜水果
可提高精子活力 ♥

蔬菜水果中含有大量的维生素，为男性生殖活动所必需。备育男性应多吃一些蔬菜水果，以提高精子的质量。

男性如果长期缺乏各类维生素，可能妨碍性腺正常的发育和精子的生成，从而使精子数量减少或精子的活力差，甚至导致不育。

蔬菜水果要选应季的 ♥

吃水果蔬菜要注意选择应季的，反季节蔬菜水果要尽量少吃或不吃，因为反季节蔬菜水果需要更多的人工干预，包括除虫、催熟和保鲜，不可避免地使用更多的化学药剂，对育龄男女以及未来的胎宝宝都不利的。

怀孕 009 天

排除餐具中的健康隐患

餐具直接接触口腔，其质量对我们的健康至关重要。准妈妈稍不留神用错餐具，不仅会危害自身的健康，还会给胎宝宝的健康和生命造成威胁。

陶瓷餐具需挑选 ♥

陶瓷餐具通常可以分为釉上彩、釉中彩、釉下彩、颜色釉及一些未加彩的白瓷等。在这些品种中，彩釉含铅、镉过多。如果长期使用釉上彩的陶瓷餐具，很可能会造成中毒，甚至会导致人免疫力下降、关节变形等。

不锈钢餐具应慎用 ♥

一般在正规的不锈钢餐具上都会标出铬含量和镍含量，其含量显示值为"13—0"、"18—0"、"18—8"等，即为符合国家规定的产品，否则即为假冒伪劣产品。即使如此，不锈钢餐具中的铬、镍等金属元素，也很容易与强酸和强碱发生反应，因此，不锈钢餐具不适宜长时间盛放强酸和强碱性食物。

非正规厂家生产的彩色塑料餐具可能致毒 ♥

彩色塑料餐具多喷颜料或涂漆，非正规厂家生产的"三无"产品，可能含有大量的铅和铬，遇热或遇酸、碱很可能发生化学反应，引起中毒，可能影响胎儿的智力发育。因此，准爸妈一定不要被色彩鲜艳的塑料餐具所诱惑。

碳水化合物，人体的第一能量

碳水化合物是供给生物热能的一种主要营养素，是准妈妈和胎宝宝的能量来源，其作用是蛋白质、脂肪不可取代的。

碳水化合物是能量剂 ♥

碳水化合物在人体内的消化、吸收和利用较其他两类产热营养素（脂肪和蛋白质）更为迅速而完全。它既为肌肉运动供能，又是心肌收缩时的应急能源，同时也是大脑组织的唯一直接能量来源。由于碳水化合物中的葡萄糖为胎儿代谢所必需，多用于胎儿呼吸，所以准妈妈要加大碳水化合物的摄入。

缺乏碳水化合物的危害 ♥

如果碳水化合物摄入不足，组织细胞就只能靠氧化脂肪、蛋白质的方式来获得人体必需的热能。虽然脂肪也是组织细胞的燃料，但是在肝脏中脂肪的氧化不彻底，可能导致血中的酮体堆积，甚至发生酮症酸中毒，影响胎儿的生命安全。

碳水化合物的食物来源 ♥

碳水化合物在自然界中含量丰富，随处可得。

谷类含碳水化合物较多，所含的碳水化合物主要以淀粉形式存在；水果中的碳水化合物多以双糖、单糖、果胶等形式存在；蔬菜主要含膳食纤维较多。

孕早期每天至少摄入450克碳水化合物，孕中期400～500克；孕晚期400克。

 专家答疑

Q 为了保证充足的能量，准妈妈是不是可以大量摄入碳水化合物？

A 不行。虽然碳水化合物对准妈妈的健康有很大的帮助，但是也不能过量摄入。因为摄入过多的碳水化合物，会使准妈妈血糖升高，从而引起肥胖，甚至导致糖尿病和心脏病。

怀孕 011 天

科学饮用牛奶

牛奶营养丰富，含有蛋白质、脂肪、乳糖、矿物质和维生素，其消化率高达98%，是优质营养来源。

🍼 牛奶是较接近完美的食物 ❤

• 牛奶含钙丰富，易被吸收，磷、钾、镁等多种矿物质搭配得也十分合理。

• 牛奶中的维生素 A，可以防止皮肤干燥及暗沉；牛奶中含有大量的维生素 B_2，可以促进皮肤的新陈代谢；牛奶中的乳清蛋白对黑色素有消除作用，可减少妊娠斑的生成。

• 牛奶味甘，性平、微寒，入心、肺、胃经，可以补虚损、益肺胃，有利于缓解孕期便秘。

🍼 最佳食用方法 ❤

• 喝牛奶前最好先吃一些谷类食物或者边吃边饮用。因为空腹大口喝下牛奶会减少牛奶在口腔中与唾液混合的机会，而过于直接地接触胃中的胃酸，使牛奶中的蛋白质和脂肪结块，形成不易消化的物质。

• 准妈妈晚上睡前喝牛奶，牛奶中的钙可缓慢地被吸收，维持平衡，防止钙流失，预防骨质疏松症。

• 牛奶加热时不要煮沸，更不要久煮，否则会破坏营养素，影响吸收。超市买回的液体牛奶可直接饮用而无须加热。

怀孕

012

天

不宜挑食与偏食

准妈妈在妊娠反应时口味会有改变或者偏好，出现偏食或者挑食的情况，容易造成某些营养素的过剩或缺乏，不利于自身和胎宝宝的健康和发育。

偏食挑食害处大 💙

胎宝宝所需的营养全靠母体供给，母体营养充足与否，与胎宝宝生长发育密切相关。要想使未来的宝宝健壮、聪明，准妈妈首先要保证自己的饮食结构合理、营养充足。有些准妈妈平时有偏食、挑食的习惯，营养摄入不均衡。怀孕之后，妊娠反应较重，进食更少，更加缺乏营养。母体连自身的营养需要都不能保证，就更不能满足胎宝宝生长发育的需要了。

食物的摄取应该多样化 💙

准妈妈应保障食物摄取的多样化。这样一方面可以使各种食物的营养互补，满足身体的需要。一方面，各种食物搭配吃，还可以提高人体各种食物中的营养素的吸收率。

准妈妈要注意加强植物性食物的摄入。因为植物性食品含不饱和脂肪酸和大量维生素，这些都是人体特别是大脑所需的。有的准妈妈不喜欢

吃鸡蛋，但是鸡蛋里含有维生素 D，它对协助人体对钙的吸收有利，准妈妈长期缺乏维生素 D，也会造成自己和胎宝宝缺钙。总之，准妈妈的饮食应该多样、全面化。

今日提醒

吃素的准妈妈要特别注意饮食营养的平衡协调，荤素搭配，避免胎宝宝因缺乏蛋白质而造成的脑损伤，应适当补充含脂肪、蛋白质、B族维生素的食物，如肉类、蛋类、乳类以及动物内脏等，以利于胎宝宝的脑细胞、脑神经的生长发育。

吃粗粮要讲科学

营养专家主张，孕妇平时应吃点粗粮，但是，过多食用粗粮会影响胃肠道的消化吸收功能。那么，备孕中的女性该如何食用粗粮呢？

科学吃粗粮 ♥

在吃完粗粮以后一定要多喝水，这样才能保证肠道正常工作。一般情况多下吃一倍的纤维素，就要多喝一倍的水。吃粗粮要循序渐进，否则突然增加或减少粗粮的进食量会引起肠道反应。将粗粮和细粮混合做成粥、馒头、面条等，既有利于消化吸收，营养还丰富。

要挑选适合自己的粗粮 ♥

• 玉米：富含多种营养物质，有助于血管扩张、肠壁运动，促进体内废物排泄及大脑细胞的新陈代谢。红玉米富含维生素 B_2，常吃可预防及治疗口角炎、舌炎、口腔溃疡等维生素 B_2 缺乏症。

• 糙米：每 100 克糙米胚芽中含蛋白质 3 克、脂肪 1.2 克、维生素 C 50 毫克、锌 20 毫克、铁 20 毫克、叶酸 250 毫克、维生素 A 50 毫克、镁 15 毫克。这些微量元素都是孕期所必需的。

• 荞麦：荞麦含有较为丰富的赖氨酸，能起到促进胎宝宝发育，并增强准妈妈免疫力的作用。另外，荞麦中所含的铁、锰、锌等微量元素和膳食纤维也比一般谷物丰富。

• 小米：有健脾和胃的作用，适于脾胃虚热、反胃呕吐、腹泻及体虚者食用。小米熬粥时，表面会浮起一层细腻的黏稠物，俗称米油。中医认为，米油的营养极为丰富，滋补力极强，因此在熬粥时千万不要轻易去掉它。

• 黄豆：有健脾益气的作用，是孕前女性保健的最佳食品。每天一杯豆浆，可补充适量的植物性雌激素，还能有效预防乳腺癌、子宫癌、卵巢癌的发生。

 专家答疑

Q 孕前能完全以小米为主食吗？

A 小米蛋白质的氨基酸组成并不理想，赖氨酸过低而亮氨酸又过高，所以女性怀孕前不能完全以小米为主食，应注意与其他谷物搭配，以免缺乏其他营养素。

怀孕 **014** 天

应适量补充脂肪

脂肪是构成脑组织的极其重要的营养物质，在大脑活动中起着不可代替的作用。所以，准妈妈要适量补充脂肪。

脂肪是孕期的**助力军** ❤

脂肪是胎宝宝脑发育不可缺少的重要物质，也是脂溶性维生素 A 和维生素 D 的重要来源。充足的脂肪供应能够满足胎宝宝大脑细胞和视力的发育需求，还能促进维生素 E 的吸收，为胎宝宝提供充足的胆固醇。此外，脂肪也是准妈妈的好帮手，能帮助固定内脏器官的位置，呵护子宫。

缺乏脂肪的**危害** ❤

脂肪过少会影响受孕；孕期的准妈妈若脂肪摄入不足，会导致必须氨基酸缺乏。如果在孕早期出现脂肪酸供给不足，可能会导致胎宝宝大脑发育异常，智力低下。孕中期缺乏的话，会影响脂溶性维生素的吸收。

脂肪的**食物来源** ❤

脂肪可以分为动物性脂肪和植物性脂肪两大类。含动物性脂肪较多的食物有各种动物内脏、肥肉、蛋黄、动物油、奶制品等。植物性脂肪含量较多的有豆油、葵花油、玉米油、香油、橄榄油、花生油、坚果仁等。

准妈妈每天的脂肪摄入量应达到 20～30 克，但不要超过 50 克，脂肪供应的热量达到总热量的 20%～30% 即可。

花生油

怀孕
015
天

不宜食用易过敏的食物

准妈妈在饮食上一定要注意，不宜食用容易过敏的食物。过敏体质的准妈妈更要注意饮食安全。这是因为过敏食物经消化吸收后，会引起身体不适。

食物过敏的影响

准妈妈在怀孕期间对饮食要特别小心，如果食用过敏食物不仅会出现皮肤瘙痒、哮喘等不适症状，还有可能导致流产、早产及胎儿畸形。所以，准妈妈在孕前期一定要做足功课，将过敏食物排除在孕期菜单之外，以免给胎宝宝的健康和发育带来不利影响。

如何预防食用过敏食物

• 以往吃某些食物发生过过敏现象的话，在怀孕期间应禁止食用这种食物。

• 不要吃过去从未吃过的食物或发霉变质的食物。

• 在食用某些食物后如全身发痒、出荨麻疹或心慌、腹痛、腹泻等，应引起注意。

• 不吃易过敏的食物，如海产鱼、虾、蟹、贝壳类食物及辛辣刺激性食物。

• 食用异性蛋白类食物，如动物肝、肾、蛋类、奶类应烧熟煮透。

容易引起过敏的食物

引起过敏的食物范围很广，鱼、肉、蛋、奶、菜、果、面、油、酒、醋、酱等都可能引起过敏。但一般来说，常见的也是最易引起过敏的主要是蛋白质，包括牛奶、花生、豆类、坚果、海产品等食品。

怀孕 016 天

孕期不宜多喝冷饮

炎热的夏季，各种各样的冷饮或饮料需求量大增，正常人适量食用冷饮能防暑解渴，对健康并无什么不良影响，但准妈妈就不能多喝冷饮了。

刺激宫缩，胎动频繁 ♥

准妈妈长期大量食用冷饮，会影响胎宝宝的发育，这是因为子宫内的胎儿对冷热刺激比较敏感。准妈妈大量食用冷饮时，胎动会较频繁，因此可知冷饮对胎宝宝有某种刺激作用。

引发上呼吸道感染 ♥

冷饮可刺激鼻咽部黏膜，使血管收缩，血流减少，局部抵抗力降低，使潜伏在鼻咽部的细菌与病毒乘虚而入，引起上呼吸道感染，或诱发急性扁桃体炎，严重者还可出现高热，头痛、咽痛、食欲不振等全身中毒症状。

影响消化道功能 ♥

孕期过多食用冷饮，还可能造成胃肠道黏膜血管收缩，胃液分泌功能降低，引起消化不良。腹泻严重者还可因肠蠕动增加而诱发宫缩，引起流产与早产。如果合并脱水酸中毒抢救不及时会危及准妈妈和胎宝宝的生命安全。

最好的解暑饮料：水 ♥

准妈妈的最好的解暑饮料就是水。饮用一些白开水或天然、纯净、无污染，含多种矿物质的矿泉水以及新鲜果汁等，对准妈妈是较为有益的。

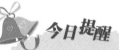 今日提醒

准妈妈需要的铁质比任何时候都多，不宜饮用太多汽水。饮料中的碳酸不但会影响孕妇自身对于铁质的吸收，还会使胎儿缺钙、缺铁。

怀孕 017 天

要多吃防辐射的食物

长期接触电脑辐射可能会对人产生危害，那些必须与电脑打交道的准妈妈，除了需要警惕电脑辐射带给胎宝宝的伤害，也不能忽视辐射对自身的伤害。

富含番茄红素的水果

番茄、西瓜、红葡萄柚等红色水果富含一种抗氧化的维生素——番茄红素，以番茄中的含量最高。番茄红素具有极强的清除自由基的能力，有抗辐射、提高免疫力等功效，有植物黄金之称。

富含维生素 E、维生素 C 的食物

各种豆类、植物油、芥菜、卷心菜、萝卜等十字花科蔬菜都富含维生素 E，鲜枣、橘子、猕猴桃等水果则富含维生素 C，维生素 E 和维生素 C 都具有抗氧化活性，可以减轻电脑辐射导致的过氧化反应，从而减轻辐射对皮肤的损害。

富含维生素 A、β–胡萝卜素的食物

鱼肝油、动物肝脏、鸡肉、蛋黄和西蓝花、胡萝卜、菠菜等。这些食物富含维生素 A 和 β–胡萝卜素，不但能合成视紫红质，还能使眼睛在暗光下看东西更清楚。因此，这些食物不但有助于抵抗电脑辐射的危害，还能保护和提高视力。

富含硒元素的食物

芝麻、麦芽和黄芪，其次是酵母、蛋类、啤酒、大红虾、龙虾、虎爪鱼、金枪鱼等海产品和大蒜、蘑菇等。这些食物富含微量元素硒，具有抗氧化的作用，它是通过阻断身体过氧化反应而起到抗辐射、延缓衰老的作用。

怀孕 **018** 天

选择科学的烹饪方式

想要使准妈妈与胎儿得到平衡的膳食营养，科学烹调是非常重要的。不同的制作方法，会使食物发生不同的变化。

尽量减少米中维生素的损失 ♥

有的准妈妈总是担心米不干净，或是生怕米被细菌及毒素所污染，因此淘米时一遍又一遍地淘洗个没完没了。殊不知，这样做可使米中的维生素大量丢失，特别是水温较高，或在水中浸泡时间过久时，会造成米中的维生素大量损失。

蒸或烙是做面食的**最佳方法** ♥

面粉常常被用蒸、煮、炸、烤等方法来制作成各种面食。然而，不同的制作方法，营养素损失的程度有所不同。当把面粉做成馒头、面包、包子、烙饼等食物时，面粉中的营养素丢失得最少；做成捞面条时，大量的营养素可能会随面汤的丢弃而损失；油炸面食就更惨了，如油条、小油饼等，由于油温过高，维生素几乎被全部破坏掉。

烹调菜肴**选对方式** ♥

一般来讲，做菜时选择煮或炒的方式，其营养素损失得会少一些，而用炸的方式则会使维生素严重损失。在红烧清炖时，维生素丢失得最多，但糖类及蛋白质会发生水解反应，进而使水溶性维生素和矿物质溶解于汤里。而用急火爆炒菜肴，营养素丢失得会最少。

怀孕 019 天

孕期要远离咖啡

对准妈妈来说，咖啡可不是好东西。孕期常饮此物，不利于自身健康。因为咖啡因会对准妈妈和胎宝宝产生刺激。

咖啡的危害

咖啡中的咖啡因是一种兴奋剂，它会使心跳和新陈代谢速度加快，引起准妈妈失眠、紧张和头疼；咖啡因还会刺激胃酸分泌，让准妈妈感到烧心；咖啡因也是一种利尿剂，会让准妈妈更频繁地上厕所，容易造成脱水。咖啡因还会导致骨骼中钙的流失。

除此之外，咖啡因的不良影响很可能会随着预产期的临近而变得严重，因为身体对咖啡因的代谢变慢，准妈妈和胎宝宝血液中的咖啡因含量会更高。更为可怕的是，咖啡因还有造成宝宝指趾畸形、腭裂和其他畸形的危险。

咖啡的替代品

推荐 1：枸杞柠檬茶

枸杞有滋阴养肾、清肝明目的作用。柠檬能利尿、促进消化与血液循环，能缓解头痛，散发出淡淡的香味可使准妈妈精神振奋。

推荐 2：菊花人参茶

菊花气味芬芳，去火、明目。人参含有皂苷及多种维生素，对人的神经系统具有很好的调节作用，可以帮助准妈妈提高免疫力，有效驱除疲劳。

怀孕020天

受精卵在子宫悄然"着陆"了

精子和卵子相遇后，结合为受精卵并开始分裂，形成细胞团。受精后7日，细胞团到达子宫腔，并继续发育。

悄然发生的激烈变化 ♥

决定性的时刻到了，一个精子经过重重考验，终于从几亿同胞中胜出，和排出的卵子相遇结合成受精卵。受精时，精子和卵子互相激活，它们的遗传物质相互融合，一个新的生命就此诞生。受精卵经过3～4天的运动到达子宫腔，准备着床。在这个过程中，受精卵在不断分裂增殖，最后成为一个被称为"桑胚体"的实心细胞团。从现在开始，你的生命中将会增加一份责任。

着床时的身体感觉 ♥

一般情况下，受精卵着床时身体不会有什么特别的感觉。少数人可能会察觉到一些微妙变化，如基础体温骤降之后又明显升高、小腹胀痛、乳房胀痛，极少数人甚至可能出现轻微的阴道出血。如果没有出现上述情况，也不用担心，只要生殖系统健康，各项机能正常，受精卵一般都能顺利着床。

警惕受精卵着错床 ♥

受精卵只有在子宫内膜上着床才能够发育成胎儿。如果受精卵没有在子宫内膜停留，而是在其他地方（如输卵管）停下来并发育，就会造成宫外孕。因此，准妈妈在确定怀孕后要记得去医院做检查，以排除宫外孕的可能。

今日提醒

不是所有的受精卵都能够顺利着床，当受精卵本身有缺陷或卵巢黄体功能不全（如孕酮分泌不足、子宫内膜异常）或子宫异常（如子宫发育不良、子宫内膜息肉、宫颈粘连）时，受精卵便很难着床。

怀孕 021 天

注意确保孕期饮食卫生

孕期除了要注意食物本身的卫生，还要注意个人卫生、餐具卫生、就餐环境卫生，以及食品添加剂是否对胎宝宝有害等。

注意食物卫生

● 蔬菜水果应充分清洗干净，可以放入淡盐水中浸泡一下，去除表面的污物。

● 尽量选用新鲜、天然的食物，尽量避免食用含食品添加剂，如色素、防腐剂等的食品。

● 如果有剩菜，最好扔掉或冷却后尽快放入冰箱。剩菜拿出冰箱后，在吃之前，必须进行充分加热。

注意个人卫生

● 在准备食物之前要洗手，这是防止食物中可导致中毒的细菌扩散的最好方法之一。

● 吃完东西要漱口，尤其是水果。因为有些水果含有多种发酵糖类物质，对牙齿有较强的腐蚀性。

注意餐具卫生

应尽量使用铁锅或不锈钢炊具，避免使用铝制品及彩色搪瓷制品，以防铝元素、铅元素等对人体细胞造成伤害。

尽量减少外出就餐

因为孕期是一个很敏感时期，所以准妈妈应尽量减少外出就餐。如果必须在外就餐，一定要选择一个卫生条件好、环境优雅的就餐之处。

怀孕 022 天

纠正不良的饮食习惯

在怀孕期间，准妈妈应纠正不良的饮食习惯，这不仅有利于自己的健康，也有利于宝宝出生后养成良好的饮食习惯。

忌偏食挑食

有的准妈妈偏爱食用鸡鸭鱼肉，还有的只吃素菜，有的人不吃内脏（如猪肝）等，有的人不喝牛奶、不吃鸡蛋，造成营养单一。

忌无节制的进食

一些准妈妈不控制饮食量，体重急剧增加，造成孕期肥胖、胎儿巨大，极易患妊娠中毒症和妊娠糖尿病，也会使生产的危险性大大增加。

忌食品过精

孕产期女性是家庭的重点保护对象，一般都吃精白米、面，不吃粗粮，造成维生素 B_1 严重缺乏和不足。

忌食用辛辣食物

辣椒、胡椒、花椒等调味品刺激性较大，多食可引起便秘。若计划怀孕或已经怀孕的准妈妈大量食用这类食品，会出现消化功能障碍。

忌吃过甜、过咸或过于油腻的食物

糖代谢过程中会大量消耗钙，吃过甜食物会导致孕期缺钙，且体重过度增加；吃过咸食物容易引起孕期水肿，但也不能一点盐都不吃；油腻食品容易引起血脂增高，体重增加。

专家答疑

Q 孕前偏食严重的准妈妈该如何调整饮食习惯？

A 准妈妈要制定孕期营养食谱，以周为单位，根据实际需求，按照荤素搭配，主食结合的原则选择。其次，准妈妈不要苛求自己一下子改掉全部不好的饮食习惯，可以循序渐进。

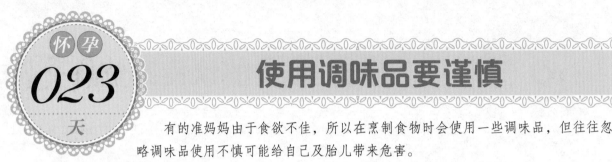

怀孕
023
天

使用调味品要谨慎

有的准妈妈由于食欲不佳，所以在烹制食物时会使用一些调味品，但往往忽略调味品使用不慎可能给自己及胎儿带来危害。

 ### 盐：摄入要适量 ♥

准妈妈盐摄入过多，会引起下肢水肿，甚至患妊娠高血压。因此，准妈妈应逐渐养成低盐饮食的习惯。如患有妊娠高血压，更应注意减少盐的摄入量。

辣椒：不可多吃

辣椒是一种营养成分丰富的蔬菜，含有大量的维生素，但辣椒会刺激肠胃、引起便秘、加快血流动。准妈妈不是绝对禁止吃辣椒，但应适量。如果属于前置胎盘的情况，则应绝对禁止食用。

 ### 花椒、大料、桂皮、五香粉：
尽量少用 ♥

这些调味品都属于热性调料，对准妈妈害大于利。怀孕时，体温相应增高，肠道也较干燥。而热性香料具有刺激性，很容易消耗肠道水分，使胃肠腺体分泌减少，造成肠道干燥导致便秘。

味精：尽量少吃 ♥

味精可使食物味道鲜美，还含有一定的营养，但是味精的主要成分是谷氨酸钠，易与体内的锌结合，导致准妈妈缺锌。所以，准妈妈还是要少食用味精。

怀孕 **024** 天

巧妙处理农药隐性残留

大部分的蔬菜水果都使用了农药。如何去除农药的隐性残留，成为准妈妈家人非常发愁的事情，因为残留的农药会对胎宝宝造成极为不利的影响。

去皮法 ♥

一般蔬菜表面农药残留量最高，对瓜果类，如黄瓜、冬瓜、南瓜、西葫芦、萝卜、茄子等，先削皮再冲洗食用较好。

水洗法 ♥

有机磷农药大都是一些磷酸酯或酰胺，这些农药在水中分解为无毒的物质。不能去皮的蔬菜要充分冲洗表面，如先冲洗，后浸泡（泡约10分钟，还可放入一些水果蔬菜洗剂），再冲洗 5 ~ 6 遍。圆白菜、生菜等生长期比较长的蔬菜，需要将菜叶掰开，逐叶浸泡冲洗，以去除菜心和深层菜叶上的残留农药。

碱洗法 ♥

大部分化学农药呈酸性，用碱水浸泡可起中和反应，清除残留的农药。先在清水中加一小撮碱面，溶解后放入蔬菜浸泡10分钟左右，再用清水充分冲洗干净即可。

加热法 ♥

有些农药在高温下容易挥发分解。对菜花、芹菜、豆角等适宜加热的蔬菜，冲洗后可用沸水烫一下，然后再烹炒食用。虽然会流失一小部分水溶性的营养物质，但是会有效去除上面的残留农药。

今日提醒

蔬果最好遵循先洗后切的原则，这是因为溶有农药的水可能通过切口渗入，带来二次污染。此外，加盐浸泡的时间不要过长，杜绝浓盐水、长时间浸泡。盐浓度过高，不仅能杀死微生物，也会杀死食物表面的细胞，使得水中的有害物质渗入食物，一般泡5分钟左右即可。

怀孕 025 天

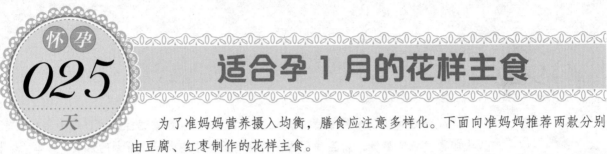

适合孕 1 月的花样主食

为了准妈妈营养摄入均衡，膳食应注意多样化。下面向准妈妈推荐两款分别由豆腐、红枣制作的花样主食。

豆腐馅饼

原料

豆腐 250 克，白菜 1000 克，肉末 100 克，面粉、虾米、香油、葱花、姜末、盐各适量。

做法

① 将豆腐捏散，白菜切碎，加入肉末、虾米、葱花、姜末、盐、香油调成馅。

② 和面，揉好，擀成圆皮，放入馅，把边捏好，放入油锅煎成两面金黄即可。

功效

豆腐含有丰富的植物蛋白和丰富的钙，是准妈妈补充蛋白质和钙的好选择，有助于强壮身体。

黄米红枣切糕

原料

黄米面 500 克，红枣 500 克，白糖适量。

做法

① 将红枣洗净，上火煮至五成熟时捞出。

② 净锅内加水 500 毫升，烧沸后，把红枣倒入；黄米面和成面糊，用勺子溜入锅内，用锅铲搅动成稠糨糊状，煮熟后，晾凉成糕，切块，蘸白糖即可。

功效

此糕营养丰富，含有丰富的钙、磷、铁及维生素，对准妈妈和胎宝宝都有补益作用。

怀孕 026 天

适合孕1月的滋养汤粥

孕期营养的好坏，直接关系到准妈妈的身体健康及胎宝宝的发育。在此，为准妈妈推荐两款分别由猪肉、栗子制作的滋养汤粥。

肉丝榨菜汤

原料

猪瘦肉100克，榨菜50克，香菜、香油、盐、鸡精、料酒、鲜汤各适量。

做法

① 猪瘦肉洗净切成细丝；榨菜洗去辣椒糊，也切成细丝；香菜择洗干净，切段。

② 将汤锅置火上，加入鲜汤（或清水）烧开，下肉丝、榨菜烧沸，加盐、鸡精、料酒、香菜，淋香油，盛入汤碗内即成。

功效

肉丝榨菜汤含有优质动物蛋白质、多种矿物质和维生素，能补充水分，非常适宜准妈妈食用。

栗子核桃粥

原料

栗子、核桃仁各50克，大米100克，盐、鸡精各少许。

做法

① 将栗子去皮，切成粒；核桃仁切成粒；大米洗净。

② 取煲一个，注入适量清水，用中火烧开，下入大米，改小火煲至米开花。

③ 加入栗子、核桃仁，再煲20分钟，调入盐、鸡精拌匀即可。

功效

此粥对怀孕初期因脾肾不足所致的头晕耳鸣、小便频数等症有很好的食疗作用。

怀孕 027 天

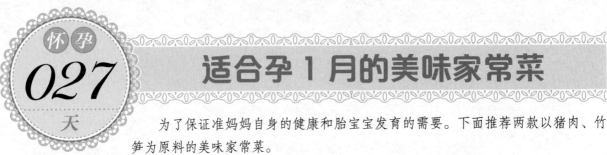

适合孕1月的美味家常菜

为了保证准妈妈自身的健康和胎宝宝发育的需要。下面推荐两款以猪肉、竹笋为原料的美味家常菜。

蒜苗炒肉丝

原料

猪肉、蒜苗各150克，香油、酱油、葱花、水淀粉、甜面酱、鲜汤、盐各适量。

做法

1. 蒜苗洗净，切段；猪肉洗净，切丝。
2. 油锅烧热，放入猪肉丝翻炒几下，加入甜面酱、葱花，烹入酱油，加入少量鲜汤把猪肉丝炖熟，放入蒜苗翻炒，至蒜苗断生，加盐、香油调味，用水淀粉勾芡即成。

功效

此菜具有暖补脾胃、滋阴润燥的功效，适宜食欲缺乏、体虚乏力的备孕女性食用。

清炒竹笋

原料

竹笋250克，葱末、姜末、酱油、盐、味精各适量。

做法

1. 竹笋剥去皮，除去老的部分，切片备用。
2. 锅内加植物油烧至九成热时，放入葱末煸香，再将笋片、姜末、酱油、盐放入锅内翻炒，至笋熟时，加味精，再翻炒几下，即可。

功效

此品滋阴凉血、开胃健脾、清热益气，有助于备孕女性增强免疫功能，提高防病能力。

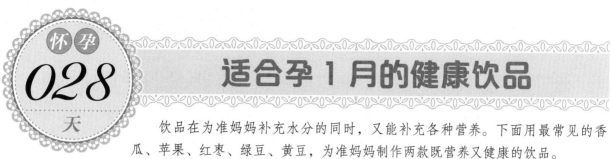

怀孕 **028** 天

适合孕1月的健康饮品

饮品在为准妈妈补充水分的同时，又能补充各种营养。下面用最常见的香瓜、苹果、红枣、绿豆、黄豆，为准妈妈制作两款既营养又健康的饮品。

香瓜苹果汁

原料

香瓜、苹果各150克。

做法

① 苹果洗净，去核，切小块；香瓜洗净，去籽，切小块。

② 将苹果块、香瓜块放入多功能豆浆机中，加凉白开到机体水位线间，接通电源，按下"果蔬汁"启动键，搅打均匀后倒入杯中即可。

功效

这道果汁有健胃整肠、缓解疲劳的功效，能为准妈妈消除紧张情绪。

绿豆红枣豆浆

原料

黄豆40克，绿豆20克，红枣10颗。

做法

① 黄豆和绿豆浸泡5个小时左右；红枣洗净、去核。

② 将所有原料放入多功能豆浆机中，加水，按下"五谷豆浆"启动键，20分钟左右即可。

功效

绿豆红枣豆浆可消除烦渴、养心补血、安神补气，适合孕早期的准妈妈，可减轻妊娠反应。

孕1月  每日三餐营养配餐方案

组 序	早 餐	中 餐	晚 餐
配餐方案 1	肉末馄饨 鲜肉白菜包 鲜牛奶	香菇鸡丝 清炒竹笋 花生蹄花汤 什锦炒饭	糖醋排骨 香辣黄瓜条（微辣） 什锦豆腐汤 大米饭
配餐方案 2	排骨青菜面 豆浆 香椿饼	葱头红烧鱼 珊瑚白菜 紫菜冬瓜肉粒汤 大米饭	姜汁炖鸡 碎米芽菜 雪菜黄鱼汤 温拌面
配餐方案 3	南瓜粥 白水煮鸡蛋 金黄馒头片 凉拌豆腐丝	黄豆炖牛肉 番茄炒蛋 鸡块白菜汤 大米饭	豆瓣鲫鱼 海带烧黄豆 营养牛骨汤 蛋炒饭
配餐方案 4	三合面发糕 紫菜饭团 黄瓜拌海蜇皮 鲜牛奶	香菇烧淡菜 肉丝榨菜汤 家常豆腐 大米饭	猪肉芦笋卷 奶汤白菜 白萝卜棒骨汤 菠萝炒饭
配餐方案 5	栗子核桃粥 荷包蛋 玉米面窝头 芝麻酱拌嫩茄	蒜苗炒肉丝 四喜肉蒸蛋 墨鱼花生排骨汤 大米饭	樱桃虾仁 炸茄夹 墨鱼花生排骨汤 大米饭

组 序	早 餐	中 餐	晚 餐
配餐方案 6	玉米面蒸饺 虾仁海带丝 皮蛋瘦肉粥 煮鸡蛋	糖醋鸡翅 清炒山药 泥鳅汤 大米饭	牛肉圆白菜 凉拌豆芽 佛手姜汤 温拌面
配餐方案 7	虾仁玉米煎饺 凉拌海带丝 椰汁奶糊	白烧蹄筋 鲜奶炖鸡蛋 排骨冬瓜汤 大米饭	家常炖鱼 豆腐干拌豆角 苎麻根炖鸡汤 胡萝卜丝素包
配餐方案 8	黄米红枣切糕 白水煮蛋 紫菜鸡蛋汤 凉拌菠菜	红烧鱼 清炒小白菜 枸杞牛肉山药汤 大米饭	肉末蒸蛋 清蒸鱼头 糖醋藕片 排骨汤面
配餐方案 9	鸡肉茄丁面 玉米面馒头 奶酪蛋汤	鸡血炖豆腐 油焖春笋 香菇油菜 大米饭	山药清炒鸡肉 墨鱼海带排骨汤 海米白菜 大米饭
配餐方案 10	番茄鸡蛋面 豆腐馅饼 鸡蛋炒米粉 牛奶	虾仁豆腐 清蒸鲈鱼 番茄土豆汤 大米饭	红烧肉 香椿苗拌核桃仁 荠菜肉末汤 大米饭

Part 02

孕2月
调整饮食缓解孕吐

　　孕2月，正是胚胎各器官进行分化的关键时期，胎宝宝在形态上发生了很大的变化，准妈妈也进入了孕吐的高峰期。及时补充营养、缓解孕吐、适当休息，是孕2月准妈妈的主要任务。

发现惊喜的孕2月

进入孕期的第2个月，绝大多数准妈妈都已经确定自己怀孕了，在惊喜之余，还要全力阻击早孕反应的侵扰。

胎宝宝：主要器官出现

怀孕7周末左右，胎宝宝的身长是2～3厘米，重量是4克左右。长长的尾巴逐渐缩短，头和躯干也能区别清楚，大体上像个人形了。手、脚已经分明，甚至手指及脚趾都有了，连指头长指甲的部分也能看得出来。眼睛、耳朵、嘴也大致出现，已经像人的脸形了，但是，眼睛还分别长在头的两个侧面。骨头还处于软骨状态，有弹性。胃、肠、心脏、肝脏等内脏已初具规模，特别是肝脏，发育明显。神经管鼓起，大脑急速发育。

准妈妈：出现早孕反应

一般停经5周后，准妈妈开始出现早孕反应，表现为恶心、呕吐，尤其是在早晨刷牙或闻到油腻气味时更加明显，也可出现头晕、无力等症状。早孕反应由轻到重，一般持续2个月左右，逐渐消失。此时，准妈妈会觉得乳房胀满、柔软，乳头、乳晕颜色逐渐加深。乳头有时还会有刺痛和抽动的感觉。大多数的准妈妈会感到异常疲倦，需要更多的睡眠。

重点关注：小心谨慎防流产

怀孕两个月时容易流产，必须特别注意，应避免搬运重物或激烈运动，做家务与外出的次数也要尽可能减少。不可过度劳累，要多休息，睡眠要充足，在感到特别疲劳时不要洗澡，而要及早卧床。尽量避免下腹部和腰部受力，上台阶或楼梯时，先让前脚尖落地，并尽量减少上下楼梯的次数。不要直接弯腰，要先背部挺直，屈膝蹲下。妊娠期白带增多，如出现出血伴下腹胀痛、腰部乏力或酸胀疼痛，应立即去医院。

另外，怀孕2个月后，胚胎进入器官分化期，极为敏感，此时一定要避开病毒、有毒化学物质、放射线。

怀孕
030
天

孕2月营养饮食指导

孕2月是胎儿器官形成的关键时期，需要各种营养。考虑到妊娠反应，饮食要清淡，适合准妈妈的口味，以利于准妈妈正常进食。

适量补充营养素 ♥

孕2月是胎儿器官形成的关键时期，准妈妈应摄入足量蛋白质、脂肪、钙、铁、锌、磷，以及各种维生素，避免流产、死胎和胎儿畸形等异常现象的发生。

进行饮食调整 ♥

为避免因早孕反应引起营养不足，准妈妈要根据自己的早孕反应特点调整饮食。吃一些面包片、面包干，可中和一些胃酸，缓解早孕反应。

尽量少食刺激性食物 ♥

尽量少食刺激性食物，如辣椒、浓茶、咖啡等；不宜吃过咸、过甜及过于油腻的食物；绝对禁止饮酒吸烟。

重视早餐的营养 ♥

准妈妈应重视早餐的营养，为了让早餐更加丰富营养，可以选择富含膳食纤维的全麦类食物，并搭配质量好的蛋白质类食物。

荤素搭配得当 ♥

为了摄入足够多的蛋白质满足母体、胎盘和胎儿生长所需，需用心搭配植物性食物与动物性食物。利用动物性蛋白质和植物性蛋白质的互补性，摄取不同种类的氨基酸，更好地发挥蛋白质的作用。

开心用餐 ♥

准妈妈在进餐时可以听听轻音乐，或在餐桌上放些鲜花，这样既可以使自己心情舒畅，又可以解除孕吐的烦躁，增进食欲。

怀孕 031 天

重视早餐的营养价值

准妈妈必须重视早餐，早餐吃好了营养基础打好了，才能强健身体，预防孕期各种常见病症。

早餐要有规律

有一些准妈妈在怀孕前不习惯吃早餐，或者偶尔吃一顿，但是在怀孕期间一定要养成按时吃早餐的习惯。如果准妈妈饮食无规律，不但会影响孕期的营养摄取和新陈代谢，还会对肠胃造成伤害。规律的饮食有利于准妈妈保持良好的身心状态，也有利于胎儿的健康发育。

早餐搭配要营养均衡

通过以下几类食物的搭配，获得全面均衡的营养。

• 奶、豆制品和蛋类：准妈妈可以从这些食物中摄取足够的钙和蛋白质，以确保胎儿健康发育。

• 蔬菜水果：主要是补充维生素以及膳食纤维，可以帮助准妈妈保持体力，防止因缺水造成疲劳。

• 瘦肉：早餐可以吃少量新鲜的肉，瘦肉里面富含铁，易于被人体吸收。铁在人体血液转运氧和红细胞合成的过程中起着不可替代的作用。

• 粮谷类：吃全麦面包、玉米等含有丰富的 B 族维生素、膳食纤维、植物蛋白和镁、钾、磷、铁等矿物质的食物。

 专家答疑

Q 孕妇不吃早餐有哪些危害？

A 不吃早餐会影响一天的活动状态。早餐是大脑维持正常活动的重要保障，如果不吃早餐，身体就没有足够的血糖以供消耗，准妈妈会感到卷怠、疲劳和精神不振。长期处于这种状态，子宫内环境不会好，会影响胎宝宝的生长发育。

怀孕
032
天

合理饮食，应对早孕

准妈妈在孕早期多少会有一些不适，如恶心、呕吐、食欲不振、偏食等，甚至引发营养不良，所以饮食安排要注意在以下几个方面。

❧ 选择促进食欲的食物 ❤

如番茄、黄瓜、彩椒、鲜香菇、新鲜平菇、新鲜山楂果、苹果等，它们色彩鲜艳，营养丰富。

❧ 选择易消化的食物 ❤

米粥、小米粥、烤面包、馒头、饼干、甘薯等食物，易被人体消化吸收，同时含糖高，能提高血糖含量，缓解呕吐引起的食欲不振。

❧ 烹调要符合口味 ❤

怀孕后，很多人的饮食习惯发生变化，烹调时可用柠檬汁、醋拌凉菜，也可用少量香辛料，如姜、辣椒等，让食物具有一定的刺激性。

❧ 想吃就吃，少食多餐 ❤

妊娠反应较重的准妈妈想吃就吃，还可适当补充点零食，比如睡前和早起时，坐在床上吃几块饼干、面包等点心，以减轻呕吐状况，增加进食量。

不要进入孕期的饮食误区

注意孕期饮食不仅是对自己负责，更重要的是对胎宝宝负责。所以准妈妈不能随心所欲地选择，以免进入饮食误区。

补钙就要喝骨头汤 ♥

为了补钙，有的准妈妈按照老人的指点猛喝骨头汤。营养学研究表明，喝骨头汤的补钙效果并不理想。因为骨头中的钙不容易溶解在汤中，也不容易被肠胃吸收。其实，人体每天必须吸收的钙量，如果膳食合理的话，大多可以通过食物摄取。喝骨头汤可能因为油腻引起准妈妈不适。

以保健品代替正常饮食 ♥

为了加强营养，一些准妈妈们每天要吃很多保健品，如蛋白粉、复合维生素、钙片、铁剂、孕妇奶粉等，大量营养品下肚，某些准妈妈就认为日常三餐的营养保证不了也没什么关系。其实这样做反而对身体不利，因为保健品大多是强化某种营养素或改善某一种功能的产品，不如保证普通膳食的营养均衡来得更为有效。

进食贪多 ♥

通常女性怀孕后进食量会增加，有人为了让胎儿健康成长，逼迫自己大量进食。其直接后果就是体重增长过快，这很容易引起妊娠糖尿病、妊娠高血压，在孕晚期还可能出现蛋白尿、水肿等。

专家答疑

Q 孕吐期间，准妈妈应该怎样喝水？

A 准妈妈吃完干点心后，应该过一个小时再喝水。并把喝水的时间安排在两次正餐之间，不要一次性喝得太多，否则胃撑满了会没有食欲。

怀孕

034

天

吃零食讲原则

怀孕后还能不能吃零食呢？准妈妈不必因为怀孕而戒掉自己所有的小零食，只是要讲究原则。

注意卫生与营养 ♥

首先要注意零食的卫生，应选购正规厂家生产、正规商店出售的零食。街头露天出售食品不要吃。有些零食有可能对准妈妈的身体造成不良影响，比如冰淇淋、色彩缤纷的饮料和过甜的点心等，都不应成为准妈妈的零食。再次，准妈妈要远离三无产品，千万不要因为一时的贪嘴，埋下隐患。

吃零食的时间有讲究 ♥

一般来说，准妈妈吃零食的时间应安排在两餐之间，作为能量的补充。早饭前、午睡前和晚上就寝前最好不吃零食，因为这样会增加胃肠道的负担，影响消化功能。此外，要注意的是，不能用零食替代正餐，正餐才是能量的主要来源。只吃零食会导致准妈妈和胎宝宝营养失衡。

将原味与天然结合起来 ♥

准妈妈可以考虑用既可口又有营养的零食，比如用鲜榨果汁代替冰淇淋，用新鲜水果代替水果罐头，也可以把黄瓜、番茄等蔬菜当水果吃，还可以吃一些干果，核桃仁、花生等。总之孕期吃零食的原则就是注意营养、卫生、适量。尽量少吃或不吃有添加剂的零食，有能力的准妈妈可以在家中自制小零食，或者选择天然的坚果、水果片当零食。

怀孕 035 天

补充蛋白质要荤素搭配

为了满足母体、胎盘和胎儿生长的需要，准妈妈要增加蛋白质的摄入量。而获取蛋白质的最好是植物性蛋白质与动物性蛋白质共同摄取。

蛋白质的分类

• 动物蛋白：动物蛋白中各种必需氨基酸的组成比例很接近人体蛋白质，因此被称为优质蛋白质，营养价值高，易被人体吸收。但动物蛋白也有不足之处，通常富含动物蛋白的食物饱和脂肪酸含量较高，长期摄入，易造成血管粥样硬化、高血压等心脑血管疾病。

• 植物蛋白：植物蛋白的营养价值不可小觑，例如豆制品，不仅味道鲜美，而且其蛋白质含量绝不低于任何肉类，只是植物蛋白外周有纤维薄膜的包裹，难以被人体消化。通常富含植物蛋白的食物不含胆固醇、饱和脂肪酸，还可以提供较多的膳食纤维、维生素 E、不饱和脂肪酸等对人体有益的成分，可以减少动脉硬化、高血脂、脂肪肝、糖尿病等疾病的发病率。

最好两者搭配共食

要摄入蛋白质不等于只吃蛋白质含量高的食物，还必须考虑食物中其他营养素。可利用动物性蛋白质和植物性蛋白质的互补作用，摄取不同种类的氨基酸，更充分地发挥蛋白质的作用，提高营养吸收率，大大提高蛋白质的吸收利用率。

 今日提醒

过多的摄入蛋白质，可能会导致人体产生大量硫化氢、组织胺等有害物质，引起腹胀、食欲减退、疲卷头晕等。还可能造成血中氮质含量过高、胆固醇增高，增加肾小球过滤的压力。

补充营养不要过度

孕早期，胎宝宝还很小，不需要过多的营养和能量。准妈妈进食过多，只会造成营养摄入过量，导致体重增加过多，给孕中期和孕晚期带来负担。

传统说法不一定对

受"一个人吃，两个人补"观念的影响，很多准妈妈从确认怀孕开始，就想方设法地给自己补充营养，除了丰盛的一日三餐，还用水果、坚果、奶制品等做加餐。早孕反应比较强烈的准妈妈由于胃口较差、容易呕吐，体重可能会有所减轻。然而，也有不少准妈妈没有任何早孕反应或反应比较轻，面对美食的诱惑，常常胃口大开，结果怀孕没多久，体重就增加了很多。

日常正常进食即可

其实，孕早期的准妈妈的进食量和怀孕以前相当就可以了，最好能将体重增长控制在1000克以内。等到了怀孕中晚期，胎宝宝的骨骼生长、肌肉生长才进入重要阶段，这时，再在医生或营养师的指导下增加能量和营养摄入也不迟。

需要提醒的是，很多准妈妈一怀孕，就开始喝孕妇奶粉等补充营养。其实，各种营养素的摄

入并不是越多越好。比如说，每天摄入适量的维生素D，有利于钙的吸收和利用，但是过量则会导致食欲下降、多尿等，甚至导致母体和胎宝宝高钙血症，甚至造成新生宝宝生长迟滞、智力低下等。

适当增加铁元素的摄入

妊娠期需要增加铁摄入，其重要性不亚于钙。妈妈摄入的铁元素一部分成为胎儿的储备，足月胎宝宝肝内储存的铁，供宝宝出生后 6 个月之内用。

🧩 铁能帮助准妈妈**拒绝贫血** 💕

准妈妈自身铁的营养状况直接关系着胎儿血液中的血清铁、血红蛋白及血铁蛋白水平。孕中期以后，准妈妈的血容量增大，表现为相对贫血，这时就需要通过饮食补充所需的铁，避免生理性贫血。

🍼 铁缺乏的**危害** 💕

准妈妈铁元素摄入不足可能引起缺铁性贫血，不仅会导致准妈妈头晕、心慌气短、乏力，严重的可引发贫血性心脏病，也可直接导致胎儿在子宫内缺氧，生长发育迟缓，甚至造成宝宝出生后智力发育障碍。

🍼 铁的食物**来源** 💕

食物中的铁可以分为血红素铁和非血红素铁两大类。血红素铁主要存在于动物性食物中，如动物肝脏、肉类，这种铁能够与血红蛋白直接结合，生物利用率很高。非血红素铁主要存在于植物性食物中，如深绿色蔬菜、黑木耳、黑米等，它必须经胃酸分解还原成亚铁离子才能被人体吸收，因此生物利用率低。

在孕早期，建议每天至少摄入 15 毫克铁；孕中期，建议每天摄入 25 毫克；孕晚期，建议每天摄入 35 毫克；生产后的妈妈建议每天摄取 18 毫克；哺乳的妈妈建议每天摄取 25 毫克。

Q 孕期单纯补铁就可以了吗？

A 补铁的同时，应注意补充蛋白质。因为血红蛋白的生成不仅需要铁，也需要蛋白质，只有补充足量的蛋白质才能提高补铁的效果。已出现贫血的孕妇除调整饮食外，还应服铁剂。一般以口服硫酸亚铁为主，剂量要遵照医嘱。

怀孕 038 天

吃酸味食物有讲究

酸味能刺激胃液分泌，提高消化酶的活性，有利于食物的消化和各种营养素的吸收。所以，准妈妈选择健康的酸味食物有利于胎宝宝和母体的健康。

适当吃酸有利于母胎健康

准妈妈适当吃些青苹果、酸枣、橘子等富含维生素的酸味食物，能刺激胃分泌胃液，有利于食物的消化与吸收。酸味物质还参与游离钙形成钙盐在骨骼中沉积的过程，利于胎儿骨骼的形成。

不宜食用的酸味食物

有几类酸味食物是准妈妈不宜食用的，比如人工腌制的酸性食物，如酸白菜、酸萝卜等，它们不但酸性大，刺激性强，而且由于在腌制过程中可能产生亚硝酸盐，亚硝酸盐在人体内易形成致癌物亚硝胺，对准妈妈和胎宝宝的健康无益。

选择健康的酸味食物

💗 带酸味的新鲜瓜果：这类食物含有丰富的维生素 C，可以增强身体的抵抗力，促进胎宝宝发育。如番茄、青苹果、橘子、草莓、酸枣、葡萄、樱桃、杨梅、石榴等都不错。

💗 可以经常喝一些酸奶：酸奶富含钙、优质蛋白质、多种维生素和碳水化合物，还能帮助人体吸收营养，排出有毒物质，不但营养价值高，而且对厌食有一定的治疗作用。

怀孕 **039** 天

如何健康地吃水果

吃水果对准妈妈有益，但如何健康地食用水果，却是一门学问。很多错误的食用水果的习惯会导致了水果不能发挥其最大的作用。

食用水果的注意事项

● 不要饭后吃水果。饭后吃水果会增加胃肠的负担，从而影响正常消化。同时，水果中的成分会影响人体对维生素和微量元素的吸收。另外，饭后大量吃水果还会引起准妈妈肥胖。

● 不要空腹吃水果。有些准妈妈会把水果当零食，特别是一些白领族的准妈妈，饿了直接拿水果来吃。实际上，空腹吃水果伤胃肠，导致腹胀、反酸等。

● 吃水果要看体质。不同体质的准妈妈吃水果是有讲究的。如：虚寒体质的准妈妈要选择温热性的水果；实热体质的准妈妈要选择颇带寒性的水果。

● 摒弃一些坏习惯。如：用菜刀削水果、吃完水果不漱口、食用水果过多、食用腐烂水果、生吃水果不削皮、水果用酒精消毒、一起床就吃水果等。

学会健康地吃水果

● 准妈妈吃水果每日最好不超 300 克，在两餐之间吃水果最佳，并且尽量选择含糖量低的水果。

● 一天之中，准妈妈最好能摄入两种水果，争取每天的组合不同，这样能保证营养的均衡。

● 尽可能选择应季水果，有营养、新鲜、人为干预少。

● 整个孕期，最好不要吃大热或大寒的水果，避免引起身体不适。

 **今日提醒**

准妈妈在进餐前20～40分钟吃一些水果，水果内的粗纤维可让胃部有饱胀感，防止进餐过多导致肥胖。

怀孕 040 天

多吃坚果，能让胎宝宝更聪明

坚果素有"强脑之果"的美称，含优质蛋白质、氨基酸以及多种维生素、微量元素等。所以，准妈妈多吃一些坚果，有助于胎儿智力发育。

开心果

开心果含蛋白质约 20%、糖 15% ~ 18% 及大量维生素 E 等成分，有抗衰老的作用，能够增强体质。由于开心果中含有丰富的油脂，因此有润肠通便的作用，有助于排出体内的毒素，这些油脂多为不饱和脂肪酸，可降低胆固醇含量，减少心脏病的发生。

松子

松子含有丰富的胡萝卜素和维生素 E，以及丰富的不饱和脂肪酸，如油酸、亚油酸。还含有其他植物所没有的皮诺敛酸，它不但具有益寿养颜、祛病强身的功效，还具有防癌、抗癌作用。准妈妈常吃可以益气、助消化，促进胎宝宝大脑健康发育。

葵花籽

葵花籽含有丰富的铁、锌、钾、镁等微量元素以及维生素 E，葵花籽有一定的补脑健脑作

腰果　开心果　核桃
葵花子　松子　花生

用。实践证明：喜食葵花籽的人，不仅皮肤红润、细嫩，而且大脑思维敏捷、记忆力强、言谈有条不紊。

核桃

核桃可调节神经系统，增强大脑活力，补充人体必需而又缺乏的肌醇和乙酰胆碱，补脑、健脑是其第一大功效。

怀孕 *041* 天

"五色" 饮食益健康

所谓"五色"，是指白、红、绿、黑、黄五种颜色的食物。孕期每日的饮食尽量将五种颜色的食物齐全，做到营养均衡。

白色食物 ♥

白色食物含纤维素及抗氧化物质，具有提高免疫力、防癌和保护心脏的作用。如大米、白面，以及白菜、白萝卜、冬瓜、菜花、竹笋、莴笋等蔬菜。

红色食物 ♥

红色食物可减轻疲劳、稳定情绪、增强记忆，如红肉、红辣椒、胡萝卜、红枣、番茄、草莓、苹果等。

黄色食物 ♥

黄色食物含有丰富的胡萝卜素及维生素 C，具有健脾护肝、保护视力及美白皮肤等作用。常见的黄色食物有玉米、大豆、南瓜、柿子、金针菜、橙子、柚子、杏等。

绿色食物 ♥

绿色食物富含纤维素，堪称肠胃的"清道夫"。主要指各种绿叶蔬菜，还包括青笋、绿豆、茶叶等。

黑色食物 ♥

黑豆、黑芝麻、黑糯米、黑木耳、香菇、乌鸡等黑色食物可以通便、补肺、抗衰老。

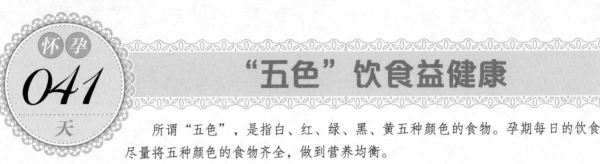

专家答疑

Q 五色与中医的五行学说有什么关系?

A 中医认为，青(指绿色)入肝、赤入心、黄入脾、白入肺、黑入肾，五色食物对日常养生也至关重要，应注意均衡摄取。

怀孕 042 天

维生素 B₆ 促进蛋白质代谢

维生素 B₆ 是一种水溶性维生素，主要参与蛋白质的代谢，所有氨基酸的合成与分解都离不开维生素 B₆，胎宝宝大脑形成神经递质也必须有维生素 B₆ 的参与。

维生素 B₆ 是缓解准妈妈孕吐的好帮手 ♥

在整个怀孕期间，维生素 B₆ 的作用十分重要。维生素 B₆ 不仅有助于体内蛋白质、脂肪和碳水化合物的代谢，还能帮助转换氨基酸，形成新的红细胞、抗体和神经传递质，维生素 B₆ 对胎宝宝的大脑和神经系统发育至关重要。研究表明，维生素 B₆ 能减缓准妈妈孕早期的恶心或呕吐。

维生素 B₆ 缺乏的危害 ♥

孕早期如果缺乏维生素 B₆，会有食欲缺乏、恶心、口腔溃疡、精神萎靡和失眠等症状。另外，维生素 B₆ 的缺乏还是导致孕妈妈的耐糖量降低，引发妊娠糖尿病的主要原因。

维生素 B₆ 的食物来源 ♥

维生素 B₆ 的食物来源非常广泛，在动植物中均有，动物性食物如鸡肉、鱼、动物肝脏、蛋黄等，植物性食物如糙米、麦芽、燕麦、豆类、绿叶蔬菜、核桃、花生中较多。

一般来说，成人每天的摄取量是 1.6 ～ 2.0 毫克，而妊娠期的准妈妈则需要 2.2 毫克，哺乳期需要 2.1 毫克。由于肠内的细菌具有合成维生素 B₆ 的能力，所以，通过食物就能满足人体对维生素 B₆ 的需要。

怀孕
043
天

合理搭配一日三餐

孕期科学饮食能让胎宝宝合理吸收营养，使胎宝宝健康成长。重视一日三餐，学会科学安排每天的饮食是确保孕期营养的关键！

早餐营养要充足 ♥

想要一整天都保持最佳状态，吃好早餐尤其重要。可选择富含纤维的全麦类食物，搭配质好的蛋白质类食物。例如牛奶、蛋类，淀粉和蛋白质的摄取比例最好为1：1。几片黄瓜或番茄，加几片全麦面包，配上1杯牛奶或果汁就是一顿很好的营养早餐了。

午餐品种要齐全 ♥

准妈妈午饭后，常常觉得昏昏欲睡，其实，这可能是食物惹的祸。如果午餐中吃了大量米饭或马铃薯等淀粉食物，会造成血糖迅速上升，从而产生困倦感。

所以，准妈妈午餐除了要吃饱，还要注意食物品种丰富、营养均衡：淀粉类食物不要吃太多，应该多吃些蔬菜水果补充维生素，分解早餐的糖类及氨基酸，提供能量。还可适当食用富含胆碱的鱼类、肉类、蛋黄、大豆及其制品，以达

到清醒提神、缓解压力、调整精神状态的作用。

晚餐清淡而简单 ♥

晚餐宜清淡，注意选择脂肪少、易消化的食物，且注意不应吃得过饱。如果晚餐吃太多，会延长消化时间，从而影响睡眠质量。晚餐最好选择面条、米粥、鲜玉米、豆类、素馅包子、小菜、水果拼盘等。

 **今日提醒**

如果准妈妈对一日三餐的搭配没有把握，可以去医院求助营养科专家，他们会给准妈妈提供专业和科学的饮食建议。

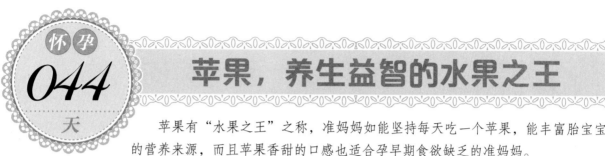

怀孕 044 天

苹果，养生益智的水果之王

苹果有"水果之王"之称，准妈妈如能坚持每天吃一个苹果，能丰富胎宝宝的营养来源，而且苹果香甜的口感也适合孕早期食欲缺乏的准妈妈。

❧ 苹果是准妈妈的健康之果 ❧

● 健脑益智：苹果不仅富含锌等微量元素，还富含脂质、糖类、多种维生素等营养成分，尤其是细纤维含量高，有利于胎儿大脑皮层边缘部海马区的发育，有助于胎儿后天的记忆力。

● 缓解妊娠水肿：苹果含有许多酸性物质和维生素，酸甜爽口，不仅可增进食欲、促进消化、缓解孕吐、补充碱性物质及钾和维生素，也可以有效防止妊娠水肿。

● 缓解压力，提神醒脑：苹果特有的香味可以缓解孕期压力过大造成的不良情绪，还有提神醒脑的功效。

● 润肠通便：苹果中的纤维素及有机酸均较多，能刺激肠壁增加肠蠕动，使粪便在大肠中不致存积过久，对便秘有一定的缓解作用。

❧ 最佳食用方法 ❧

● 苹果一天吃 1 个就足够了，吃多了增加胃的负担。

● 苹果中的酸能腐蚀牙齿，所以吃完后漱漱口。

● 也可以把苹果打成汁，加一点蜂蜜饮用。

土豆，十全十美的食物

土豆比大米、面粉具有更多的优点，能供给人体大量的热能。准妈妈吃一些土豆，既能补充营养，还能缓解孕早期的孕吐症状。

土豆是准妈妈优质的**理想材料**

• 土豆含有丰富的碳水化合物、蛋白质、维生素 A、B 族维生素、维生素 C、维生素 E、钙、磷、钾、镁等营养物质，不但营养全面，而且极易被人体消化吸收。

• 土豆含有大量膳食纤维，能够帮助机体及时排出积累的毒素，宽肠通便，预防便秘。

• 土豆中丰富的淀粉以及蛋白质、B 族维生素、维生素 C 等，不但能为妈妈补充营养，还有促进消化、补益脾胃、调节情绪的功能。

最佳食用**方法**

• 土豆是一种营养很丰富的食物，能做成各种各样的食物。

• 不要食用发芽、腐烂了的土豆，以防中毒。

• 土豆切丝之后，应先在水中清洗一下，以去除过多的淀粉。

• 切好的土豆片、土豆丝不要泡得太久，以免土豆中的水溶性维生素流失。

怀孕 *046* 天

孕期饮食不可无鱼

众所周知，鱼是准妈妈的必备美食，它除了味道鲜味之外，还含有极为丰富的不饱和脂肪酸和DHA等，有利于胎宝宝的脑部发育，是其他食物无法替代的。

吃鱼的好处多多 ♥

●吃鱼可预防早产。鱼中含有丰富的 $\omega-3$ 脂肪酸，这种酸能延长妊娠期，防止早产的出现。准妈妈孕期多吃鱼，生下的宝宝也更健康强壮。

●吃鱼有助于胎宝宝的视力发育。鱼能明目，这是大家都知道的。

●吃鱼有助于胎宝宝的大脑发育。鱼中含有DHA，是促进胎宝宝大脑发育的必备物质。

●吃鱼有利于减少抑郁。 $\omega-3$ 脂肪酸对缓解准妈妈抑郁起着重要的作用。

●吃鱼有利于营养全面均衡。鱼肉营养非常丰富，含有大量的矿物质，如钙、铁、锌等微量元素；还含有各种维生素，如维生素 A 可以保护视力；维生素 C 具有美颜养容、促进消化的作用；维生素 D 对促进骨骼增长有很大帮助。

准妈妈吃什么鱼好 ♥

淡水鱼与海鱼都可以适量食用，其中尤以鲈鱼和带鱼为佳。准妈妈可根据自己的喜好选择。淡水鱼脂肪少一些，肉质比较细腻，也比较容易被人体吸收，海鱼虽然口感没有淡水鱼好，但是富含脂溶性维生素和 DHA。

Q 哪些鱼类是准妈妈不宜吃的?

A 怀孕期间应该避免吃可能生活在被污染的水体中，会吸收汞、二噁英、多氯联苯、农药等污染物的鱼类。准妈妈吃了受污染水体中的鱼，可能流产、早产，或导致胎宝宝身体发育迟缓。

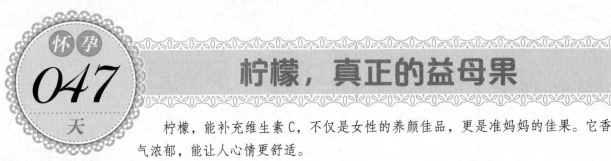

怀孕 047 天

柠檬，真正的益母果

柠檬，能补充维生素C，不仅是女性的养颜佳品，更是准妈妈的佳果。它香气浓郁，能让人心情更舒适。

🍼 柠檬有益于助孕安胎 ❤

● 健脾开胃，生津止渴：准妈妈在怀孕期间由于妊娠反应经常口干舌燥、食欲缺乏，适量饮用一些柠檬汁，能够促进胃蛋白分解酶的分泌，加快肠胃的蠕动，对准妈妈的健康和胎宝宝的发育都有利。

● 增强免疫力：柠檬富含维生素C，能够使准妈妈机体抗病能力得到提高。维生素C能够参与血细胞的止血和再生过程，帮助铁质吸收，可预防准妈妈感冒及胎宝宝发育不良，还能让准妈妈的皮肤变得细腻。

● 促进钙质吸收：柠檬对妊娠中期因缺钙引起的抽筋、骨关节痛、腰腿酸痛、水肿等症状能起到预防作用。

● 安胎止呕：由于柠檬汁有很强的杀菌作用和抑制子宫收缩的功效，因此，它具有很好的安胎作用。

🍼 最佳食用方法 ❤

● 由于柠檬太酸而不适合直接食用，通常用鲜果压榨出果汁，调制饮料或作为菜肴的配料食用。

● 在制作菜肴时，可用柠檬汁代替醋调味。

● 在新鲜水果和蔬菜的切割面上喷一点柠檬汁，可以防止其变黑。

怀孕 048 天

食欲缺乏时"投胃所好"

因为妊娠反应，孕早期的准妈妈可能会有食欲缺乏，这又是胎宝宝发育的关键时期，所以一定要想办法多吃些有营养的食物。

补充维生素

食欲缺乏往往是由于孕吐造成的，缺乏维生素 B_6 会加重孕吐，使准妈妈没有胃口吃饭。所以，准妈妈可以多吃些富含维生素 B_6 的食物，如黄豆、香蕉、麦芽糖、鱼、鸡蛋等。

吃些小零食

准妈妈如果没有食欲吃饭，也可以吃一些合胃口的小零食。

● 核桃是健脑补脑的最佳选择之一，也是准妈妈必备的小零食。核桃中的卵磷脂可以促进胎宝宝的大脑发育，还能够提高准妈妈的免疫力。

● 花生容易消化，还富含蛋白质，适合准妈妈食用。

● 杏仁能够润肠通便，防止准妈妈便秘，但是不宜多食。

● 榛子中含有多种微量元素和维生素，可以补充准妈妈和胎宝宝所需的多种营养，因此，可以经常食用。

相信这些营养又健康的小食品，可以满足准妈妈挑剔的胃口，缓解因食欲不振而造成的营养不良。

今日提醒

虽然准妈妈会出现食欲缺乏，但不可以用生冷、刺激性的食物增进食欲，这样不利于准妈妈的身体健康。另外，孕期的饮食最好是容易消化吸收的，要避免吃油炸、干硬的食物。

怀孕
049
天

孕期补碘，"碘"到为止

碘是人体必需的微量营养素之一，是维持人体正常生长发育不可缺少的元素，但是孕期补碘不能过量，应该"碘"到为止。

碘能促进胎宝宝的生长发育

碘可以调节蛋白质、脂肪的分解与合成，是构成人体甲状腺素的重要成分。甲状腺素能够促进人体生长发育，促进大脑皮质及交感神经兴奋，参与新陈代谢。摄入适量的碘可促进胎儿生长发育。

缺碘的危害

妊娠早期，胎宝宝的大脑快速发育，此时胎儿的甲状腺功能尚未建立，大脑发育所需的甲状腺激素主要来自母体，因此，此阶段母体缺乏甲状腺素将对胎宝宝大脑发育造成不可逆转的损害，直接影响胎宝宝的智力发育，并有可能导致流产、胎儿发育停滞等。

到妊娠中期，准妈妈由于基础代谢率增加，甲状腺激素的消耗也增加了。此时缺碘会造成胎宝宝甲状腺激素的合成和分泌减少，可导致新生儿甲低，甚至会早产、胎死腹中。

碘的食物来源

人体所需的碘七八成通过食物摄入，其次靠饮水与盐摄取。食物中碘含量的高低取决于各地区的生物地质化学状况。海洋生物含碘量很高，如海带、紫菜、鲜海鱼、蛤干、干贝、海参、海蜇、龙虾等。

专家答疑

Q 准妈妈究竟补多少碘合适？

A 孕期补碘要以甲状腺功能的测试结果来定，不能盲目补碘。

不可忽视对铜的摄取

铜是人体所必需的一种微量元素，不可忽视对铜的摄取。

 ## 铜有助于胎宝宝的**大脑发育**

铜在人的很多生理活动中起着重要作用。铜是肌体内蛋白质和酶的重要组成部分，为人体健康不可缺少的特殊的微量元素之一。至少有 20 种酶含有铜，其中至少有 10 种需要靠铜来发挥作用。胎宝宝的生长，骨骼的强化，红、白细胞的成熟，铁的运转，胆固醇和葡萄糖的代谢，心肌的收缩，以及大脑的发育，都需要铜。

铜缺乏的**危害**

准妈妈血液中的铜含量过低时，会造成胎儿缺铜，影响胎儿新陈代谢中部分酶的活性及铁的吸收、运转，易造成胎儿缺铜性贫血。据产科医生研究，准妈妈缺铜会削弱羊膜的厚度和韧性，导致羊膜早破，引起流产或胎儿感染。

 ## 铜的食物来源

富含铜元素的食物包括：坚果类的核桃、腰果等；豆类的豌豆、蚕豆、黄豆、黑豆、绿豆等；蔬菜中的蘑菇、荠菜、油菜、芥菜、茴香、芋头、龙须菜等；动物的肝、血及水产品等。

准妈妈每天的铜摄入量不超过 3 毫克。

缓解孕吐的食物排行榜

孕2月，大部分准妈妈会出现孕吐等早孕反应。这些反应会影响准妈妈的正常饮食。专家建议为缓解孕吐，应多吃以下食物。

苹果

苹果，性平，味甘，具有生津润肺、健脾益胃、养心之功效。从代谢性质来看，苹果是一种碱性食物，可以调节水、盐和电解质的平衡，中和体内由于妊娠呕吐产生的酸性代谢产物。

甘蔗

甘蔗，性寒，味甘，有止呕作用。妊娠呕吐者可用甘蔗汁30～50毫升，加姜汁5滴，晨起空腹徐饮，喜食酸甜的准妈妈最适宜。

白萝卜

白萝卜，性凉，味甘辛，有清热、化痰、下气的作用。明代名医李时珍认为萝卜"主吞酸"。也有古方介绍："治食物作酸，萝卜生嚼数片。"所以说，萝卜对缓解妊娠初期的呕吐、恶心有非常好的效果。

橘子皮

橘子皮，有理气化痰的作用。《本草纲目》中说它"疗呕逆反胃嘈杂，时吐清水"，所以，准妈妈不妨用橘子皮泡茶饮。另外，煮粥时放上几片橘子皮，不仅吃起来芳香爽口，还开胃。橘子皮能帮助准妈妈改善皮肤，美容养颜。

苏打饼干

苏打饼干是碱性的，可以中和部分胃酸，对胃酸较多、反胃欲吐的准妈妈来说是不错的食物。准妈妈睡觉前，吃一点儿苏打饼干之类的点心，或喝杯温牛奶，可缓解第二天起床时因空腹产生的恶心。清晨起床时容易恶心，可以在床上多躺一会儿再起床，刷牙前坐在床上吃两片苏打饼干也会有点儿效果。

怀孕 **052** 天

番茄，蔬菜中的水果

番茄，富含维生素 C、胡萝卜素、蛋白质、各种微量元素等，外形美观，酸甜可口。

番茄让准妈妈远离妊娠纹 ♥

• 改善食欲、促进消化：番茄酸酸甜甜的口感有助于改善食欲。番茄所含的苹果酸和柠檬酸，有助于胃液对脂肪及蛋白质的分解。

• 抗氧化、防出血：番茄特有的番茄红素有抗氧化损伤和保护血管内壁的作用，对预防妊娠高血压很有帮助。经常发生牙龈出血或皮下出血的准妈妈，更应多吃些番茄。

• 预防妊娠纹：番茄富含维生素 C，能够帮助准妈妈预防妊娠斑和妊娠纹。

最佳食用方法 ♥

• 番茄常用于生食冷菜，用于热菜时可炒、炖和做汤。以它为原料的菜有"番茄炒鸡蛋"、"番茄炖牛肉"、"番茄鸡蛋汤"等。

• 番茄宜与花菜搭配食用，可以增强抗毒能力，辅助治疗胃溃疡、便秘、皮肤化脓、牙周炎、高血压、高脂血等。

• 番茄与芹菜一起吃，有降压作用，对妊娠高血压、高脂血患者有宜。

适合孕2月的花样主食

准妈妈要合理安排每天饮食，尽量将食物烹调得美味可口。下面向准妈妈推荐两款由山药、牛肉制作的花样主食。

山药茯苓包子

原料

山药粉200克，茯苓粉50克，自发面粉1000克，白糖、猪油适量。

做法

① 将山药粉、茯苓粉加水调成糊，大火蒸30分钟取出，加点白糖、猪油调成馅。

② 和面，发好。擀皮放馅做成包子，大火蒸20分钟即成。

功效

山药茯苓包子适用于脾胃不健、食少等症，对孕早期准妈妈胃口差、食欲缺乏的症状有缓解作用。

牛肉番茄意大利面

原料

牛肉、意大利面各40克，洋葱、番茄、番茄酱各25克，橄榄油、盐适量。

做法

① 牛肉洗净，切块；番茄洗净，切丁。

② 意大利面煮熟捞起，备用。

③ 以橄榄油起油锅，加入牛肉和洋葱拌炒均匀，放入番茄和煮熟的意大利面翻炒片刻，加番茄酱及盐调味即可。

功效

此面能够帮助准妈妈增强免疫力，拥有好体力，避免感冒。

怀孕 054 天

适合孕2月的滋养汤粥

孕期的营养饮食要均衡，各种营养成分搭配需合理。在此，为准妈妈推荐两款由羊肉、小米制作的滋养汤粥。

羊肉胡萝卜汤

原料

羊肉280克，山药、胡萝卜各150克，香菜、葱段、姜片、黄酒、胡椒粉、盐、醋各适量。

做法

① 羊肉洗净，切块；胡萝卜洗净，切丝；山药去皮，切片；香菜去根，洗净，切段。

② 将羊肉块放入锅内，加适量清水，用大火煮沸，撇去浮沫，放入胡萝卜丝、山药片、葱段、姜片、黄酒，转用小火炖至羊肉酥烂，加盐、胡椒粉、香菜段、醋即可。

功效

此汤行气补虚、健胃消食，对准妈妈疲乏、胃口差有一定辅助疗效。

小米红枣粥

原料

小米100克，干红枣30克，红豆15克，红糖10克。

做法

① 将红豆洗净，泡涨后备用；干红枣洗净，去核。

② 将红豆先加水煮至半熟，再加洗净的小米、干红枣，煮至烂熟成粥，以红糖调味即可。

功效

小米红枣粥能提高准妈妈免疫力，防治缺钙和贫血，缓解食欲不振、失眠难寐等症状。

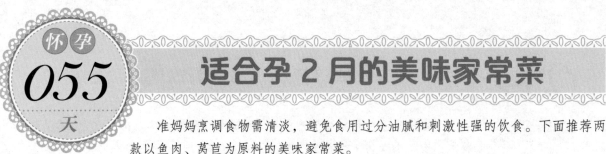

怀孕 055 天

适合孕 2 月的美味家常菜

准妈妈烹调食物需清淡，避免食用过分油腻和刺激性强的饮食。下面推荐两款以鱼肉、莴苣为原料的美味家常菜。

美味鱼吐司

原料

鱼肉200克，切片面包150克，鸡蛋清1个，植物油、葱花、姜末、料酒、淀粉、盐、鸡精、果酱各适量。

做法

❶ 将鱼肉去皮，去骨，剁成鱼泥，加入蛋清、葱花、姜末、料酒、盐、淀粉和鸡精一起搅拌。

❷ 将切片面包去皮，鱼泥分成四份，均匀涂抹在切好的面包片上。

❸ 将油烧热，放入面包片，炸至金黄色捞出，将每片面包切成4小块，蘸果酱吃。

功效

此菜富含膳食纤维，且营养丰富，能补血补铁，是孕早期准妈妈理想的营养食品。

嫩姜拌莴苣

原料

嫩姜50克，莴苣200克，香油、香醋、白糖、盐、味精各适量。

做法

❶ 莴苣削去皮，切丝，加盐腌渍2小时后，放入沸水锅中略焯，控干后加白糖、香醋、味精腌渍。

❷ 嫩姜刮去皮，切丝，加香醋腌渍半小时后，与莴苣丝装盘后放在一起拌匀，淋上香油即成。

功效

此菜能增进食欲、消积下气，可缓解孕早期的准妈妈胃口不开、消化不良及便秘。

适合孕2月的健康饮品

怀孕 056 天

饮品在为准妈妈补充水分的同时，还能补充营养。下面用最常见的苹果、胡萝卜、菠萝汁，为准妈妈制作两款既营养又健康的饮品。

苹果胡萝卜汁

原料

胡萝卜、苹果各100克。

做法

① 胡萝卜洗净，切小块；苹果洗净，去核，切小块。

② 将胡萝卜块、苹果块放入多功能豆浆机中，加凉白开到机体水位线间，接通电源，按下"果蔬汁"启动键，搅打均匀后倒入杯中即可。

功效

苹果胡萝卜汁可生津止渴、清热除烦、健胃消食、补肝明目，非常适合孕早期的准妈妈饮用。

菠萝汁

原料

菠萝200克，柠檬1个，盐适量。

做法

① 菠萝去皮，切小块，放盐水中浸泡15分钟；柠檬去皮、去籽，切小块。

② 将菠萝和柠檬块倒入多功能豆浆机中，加水，按下"果蔬汁"启动键，搅打均匀后放入糖或蜂蜜即可。

功效

此果汁能健脾胃、促消化、清热除烦，可以缓解准妈妈身热烦渴、消化不良。

孕2月  每日三餐营养配餐方案

组序	早餐	中餐	晚餐
配餐方案 1	银牙肉丝春卷 山药玉米粥 清炒笋丝	香菇西蓝花 毛豆鸡丁 萝卜鲫鱼汤 米饭	芦笋炒大虾 海带炖肉 清蒸黄花鱼 米饭
配餐方案 2	白水煮鸡蛋 鲜肉小笼包 燕麦黑芝麻粥	玫瑰鱼片 红烧茄子 陈皮土鸡汤 馒头	芹菜炒香干 干煸牛肉丝 木耳鸡蛋瘦肉汤 花卷
配餐方案 3	核桃仁芝麻饼 开胃锅巴 番茄猪肝菠菜面	枸杞拌山药 板栗烧肉 鱿鱼排骨汤 拌面	爆炒羊肉 脆皮虾仁 三鲜冬瓜汤 西葫芦丝饼
配餐方案 4	凉拌土豆丝 银丝花卷 小米红枣粥	韭菜炒鸭肝 水芹炒干丝 羊肉胡萝卜汤 米饭	鲜烧口蘑 木耳炒肉片 紫菜蛋汤 扬州炒饭
配餐方案 5	干炸小黄鱼 煎蛋 虾鳝面	清蒸大虾 苦瓜炒鸡蛋 番茄炖牛肉 米饭	烩白菜三丁 小米蒸排骨 姜母鸭 馒头

组 序	早 餐	中 餐	晚 餐
配餐方案 6	素三丝炒面 银丝花卷 鲜藕蛋羹	白灼鲜鲈鱼 香菇烧面筋 荞麦面疙瘩汤 米饭	清蒸鳜鱼 番茄炒鸡蛋 生姜炖牛肚 米饭
配餐方案 7	紫米面馒头 奶香玉米汁 陈皮瘦肉粥	清汤竹荪 三色鸡丝 菠菜炒猪肝 山药茯苓包子	茼蒿鱼头汤 椒香牛肉 三鲜豆腐 米饭
配餐方案 8	汆鱼丸 油煎南瓜饼 牛肉丝青笋拉面	黄豆排骨汤 爆炒腰花 红烧豆腐丸子 米饭	木耳炒青笋 青椒炒猪肝 木耳肉丝蛋汤 米饭
配餐方案 9	双肉海参饺 百合红枣羹 菠菜拌海蜇头	红烧带鱼 开胃香椿 黄瓜银耳汤 玉米馒头	洋葱炒肉丝 大蒜烧茄子 羊排海带萝卜汤 米饭
配餐方案 10	牛肉番茄意大利面 豆浆 黑豆红枣粥	鸡汤豆腐小白菜 土豆炖鸡块 奶香芹菜汤 银丝花卷	嫩姜拌莴笋 红烧板栗鸡 豆腐虾仁汤 米饭

Part 03

孕3月
注意补充微量元素

　　孕3月，怀孕的幸福感和妊娠反应的不适，让准妈妈的生活节奏变得不一样了。这也是准妈妈调整心情的重要阶段。为了胎宝宝的健康，准妈妈一定要保持愉悦的心情，自己快乐，宝宝也会更幸福。

怀孕 057 天

不太舒服的孕 3 月

怀孕的第 3 个月也就是孕早期的最后一个月。这时的准妈妈能够比较明显地感觉出全身不舒服，腹部胀胀的，皮肤也有变化，忧郁、烦闷不时袭来。

🍼 胎宝宝：真正意义上的胎儿 ♥

从第 8 周开始，胚胎可正式称为胎宝宝了。胎宝宝的身体为 7～9 厘米，体重约 20 克，尾巴完全消失，躯干和腿都长大了，头的比例相对较大，下颌和脸颊发达，更重要的是已长出鼻子、嘴唇四周、牙根和声带等，眼睛上已长出眼皮，和以前相比，更像人脸了。因为皮肤是透明的，所以可以从外部看到皮下血管和内脏等。心脏、肝脏、胃、肠等更加发达，肾脏也渐发达，已有了输尿管，因此，胎宝宝可进行微量排泄了。骨头开始逐渐变硬（骨化），长出指甲、眉毛，头发也长出来了。

🍼 准妈妈：最难熬的时期 ♥

第 9～12 周为怀孕第 3 个月，胎宝宝发育到第 11 周末，准妈妈的子宫增大如拳头大小，但下腹部外观隆起仍不明显。增大的子宫压迫周围组织，准妈妈会感到下腹部有一种压迫感，会出现脚后跟抽筋，去厕所次数明显增多。这一时期，准妈妈妊娠反应明显，妊娠第 8 周、第 9 周是孕妇生理上最难受的时期，家人应多一些体贴关怀，帮助准妈妈度过这一时期。

🍼 重点关注：胎宝宝致畸的高发期 ♥

怀孕第 3 个月仍然是胎宝宝最易致畸时期，准妈妈应谨防各种病毒和化学毒物。一般而言，此时孕妇如有腰痛的感觉，要当心先兆流产，应引起重视，及时治疗。准妈妈要保证充足的睡眠，每天中午最好小睡片刻。

🔔 今日提醒

从本月起，准妈妈的口腔容易出现一些问题，如牙龈充血、水肿以及牙龈肥大增生等，医学上称之为妊娠牙龈炎。准妈妈要坚持早晚认真刷牙、漱口，防止细菌在口腔内繁殖。

孕3月营养饮食指导

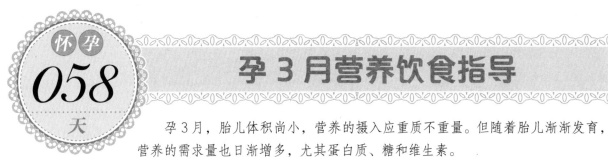

怀孕 **058** 天

孕3月，胎儿体积尚小，营养的摄入应重质不重量。但随着胎儿渐渐发育，营养的需求量也日渐增多，尤其蛋白质、糖和维生素。

四季饮食因时而异 ♥

准妈妈应了解孕期四季饮食的特点，以便在不同的季节因时而异选择食物，如春季饮食重提高免疫力，夏季饮食重消暑，秋季饮食宜清淡、润燥，冬季御寒食物不可多吃等。

饮食注意粗细搭配 ♥

准妈妈的饮食要注意粗细搭配，在吃精米精面的同时，食用一定数量的粗粮，如小米、玉米、红薯等。这样既弥补了粗粮的口感不足，又避免了单吃细粮的营养不足。

少食多餐，饮食清淡 ♥

为了避免孕早期出现消化不良、食欲不振等情况，准妈妈除了少吃多餐外，还应挑选清淡、易消化的食物，尽量避免吃油炸、辛辣的食物。

吃好一日三餐 ♥

要想每天都充满活力，保持在最佳状态，就要做到吃好早餐，午餐丰富，晚餐清淡简单。全天早、中、晚三餐的食量分配比例以3∶4∶3为宜。

讲究烹调方法 ♥

在烹制菜肴时，要讲究烹调方法，注意烹饪方法和烹饪时间，尽量保存食物中的营养素，减少不必要的损失。

掌握调味技巧 ♥

调味是决定菜品质量的关键，不同的原料调味方法也不一样。新鲜的、味好的原料要尽量保持其原有的鲜美味道，调味要清淡些。而那些本身无味的原料，可采用鲜汤等调味品为其增鲜。

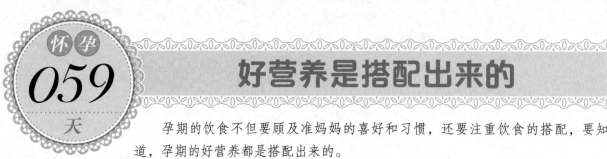

怀孕
059
天

孕期的饮食不但要顾及准妈妈的喜好和习惯，还要注重饮食的搭配，要知道，孕期的好营养都是搭配出来的。

主食要粗细搭配 ♥

主食是准妈妈身体补充营养的基本要素，它可以为准妈妈提供 B 族维生素和植物性蛋白，每天的摄入量不可少于 150 克。同时，还要注意品种的多样化，大米、面粉、小米、玉米、燕麦等粗细杂粮要合理搭配。

蔬菜和水果不可或缺 ♥

蔬菜和水果富含丰富的碳水化合物、矿物质和维生素，且口感好，易消化。孕早期有孕吐反应、食欲不佳、便秘时，更应该多吃些新鲜的蔬菜和水果，以减轻不良的妊娠反应。

动植物蛋白应交替食用 ♥

准妈妈可以根据自己的喜好，选择不同的优质蛋白为身体补充营养。动物性优质蛋白主要来自鸡肉、猪牛羊瘦肉、动物肝脏、蛋类、鱼类、虾类等，这些优质蛋白可以为准妈妈的身体提供所需的氨基酸，且品种繁多，易于选择。植物性蛋白来自优质豆类、干果类、花生酱、芝麻酱等。另外，奶制品中不仅含有丰富的蛋白质，还含有人体必需的多种氨基酸、钙、磷及多种微量元素和维生素 A、维生素 D 等，宜每日适量食用。

 今日提醒

每天至少需要摄入45种不同的食物才能满足人体各方面的营养需求，多种食物混搭着吃才更有益健康，单一的饮食不利于营养的均衡。简单素食主义者，一定要注意优质蛋白质的摄入。

美味零食大盘点

准妈妈可以选择一些营养丰富、低糖、高膳食纤维的食物来充当零食。如红枣、瓜子、板栗、花生、粗纤维饼干等。

 红枣 ❤

红枣的营养价值很高，被称为"天然的维生素丸"，经常食用可以补血安神、补中益气、养胃健脾等。此外，经常食用红枣，还可以预防妊娠期高血压。

板栗 ❤

板栗中蛋白质、脂肪、碳水化合物、钙、铁、磷、锌的含量非常丰富。经常食用可健脾养胃、补肾强筋。有利于胎宝宝的生长发育，同时还可以消除自身的疲劳。

 花生 ❤

花生的内衣（即红色薄皮）中含有止血成分，可防治再生障碍性贫血。但花生脂肪含量较多，食用要适量，不可过多。

 核桃 ❤

核桃含有丰富的维生素 E、亚麻酸等，亚麻酸能促进大脑的发育很重要。但核桃中的脂肪含量非常高，所以准妈妈最好每天食用不超过 3 个核桃为宜。

全麦面包 ❤

全麦面包能够增加体内的膳食纤维，还能补充碳水化合物、B 族维生素，有便秘问题的准妈妈可以尝试把它作为小零食。

怀孕 *061* 天

香蕉，缓解疲劳好帮手

香蕉富含丰富的营养物质，不仅可以快速为准妈妈提供能量，缓解饥饿感，还能在一定程度上缓解疲劳。

🍭 香蕉让准妈妈身心愉悦 💗

● 营养丰富、促进发育：香蕉富含淀粉、蛋白质、脂肪、糖分、果胶以及多种维生素和矿物质，还含有 5- 羟色胺、去甲肾上腺素、二羟基苯乙胺和一些抗菌物质。这些物质对胎宝宝的身体和大脑的发育都有益处。

● 润肠通便、保护肠胃：从中医的角度来说，香蕉属于性寒味甘之品，能清理肠热、润肠通便，能治疗大便秘结，是习惯性便秘的准妈妈的首选水果。

● 舒张血管、降低血压：香蕉富含钾元素，能够保护动脉内壁，而且香蕉还含有血管紧张素转化酶抑制剂，可以抑制血压升高，对降低血压有辅助作用，是预防妊娠高血压的保健食品。

● 缓解疲劳、抵抗抑郁：香蕉富含 5- 羟色胺，这种物质能帮助准妈妈舒缓抑郁的心情，并缓解疲劳感。

🍼 最佳食用方法 💗

香蕉既可以直接生食，又能当做原料进行烹饪加工，可用来制作果汁和拔丝香蕉。另外，香蕉也可以与牛奶、面包一起作为早餐食用，营养非常丰富。但由于香蕉具有滑肠作用，不宜大量食用，每天 1 ~ 2 根为宜。

怀孕 **062** 天

吃阿胶要讲究时间

阿胶是公认的补血佳品，也被认为是保胎、安胎的药物，所以很多贫血的准妈妈首先想到的就是吃阿胶。但是吃阿胶的时间是有讲究的。

进补时间有讲究

阿胶能补血滋阴，润燥止血，是一种纯天然的胶原蛋白，对准妈妈有安胎养胎的作用，用于治疗血虚萎黄、眩晕心悸和心烦不眠。对于准妈妈来说，阿胶是很好的滋补食品。

准妈妈可以吃阿胶，但是进补时间有讲究。阿胶具有调经保胎、增强体质、健脑益智等功效，体性偏寒的孕妇在孕中期可以适当吃一点，具有补血安胎的效果。怀孕早期，准妈妈最好不要吃阿胶。如果是孕晚期也不可以吃，因为阿胶会引起宫缩。所以准妈妈吃阿胶时一定要慎重。最好在在吃阿胶之前先咨询医生，避免禁忌。

阿胶的吃法

• 烊化法：将阿胶砸碎（用布裹着胶块，放在较为坚硬的台面上，用锤子砸成碎末），取 3 ～ 9 克（约每块的三分之一）放入杯中，加冰糖少许，用沸水或药汁适量冲开，搅拌，放冷后即可服用。

• 传统法：取阿胶 250 克，砸碎置于带盖的容器内，加冰糖、黄酒、水各 250 克，浸泡 24 ～ 48 小时，至胶软化无硬块后，根据需要加入适量的黑芝麻、核桃仁、红枣、桂圆肉等搅匀，放入锅中隔水蒸制 1 个小时，待其全部溶化，取出放凉，加盖置阴凉处或冰箱内，每日 1 ～ 2 次，每次 1 ～ 2 汤匙，开水冲服即可。对腰膝酸软、怕冷、易感冒、耳鸣、四肢无力等均有明显疗效。

专家答疑

Q 准妈妈该怎样选阿胶?

A 建议准妈妈在医生的指导下，尽量选择纯阿胶、阿胶块或阿胶粉，不要吃复方的，或者含有其他药物成分的阿胶。

缓解孕吐有方法

大多数准妈妈在孕早期都会出现孕吐，轻则食欲不佳，重则吃什么吐什么。这个阶段，家人要鼓励准妈妈进食。

投其所好 ♥

除了那些禁忌食物，家人应该尽量满足准妈妈的口味需求。一般怀孕早期，准妈妈都喜欢吃酸味的食品，如橘子、梅子干或泡菜等。因此家人应多准备一些这类食品。由于孕早期（前3个月）胎宝宝生长缓慢，并不需要太多的营养。准妈妈可以尽量选自己想吃的东西吃，多喝水，多吃富含维生素的食物。

少食多餐 ♥

每2～3小时进食一次。妊娠恶心呕吐多在清晨空腹时较重，为了减轻孕吐反应，可多吃一些较干的食物，如烧饼、饼干、烤馒头片、面包片等。如果孕吐严重，要注意多吃蔬菜、水果等偏碱性的食物，以防酸中毒。

缓解孕吐的食物 ♥

• 饮料：柠檬汁、苏打水、热奶、冰镇酸奶、纯果汁等。

• 谷类食物：面包、麦片、绿豆大米粥、八宝粥、玉米粥、煮玉米、玉米饼子、玉米菜团等。

• 奶类：牛奶营养丰富而全面，容易吸收。如果不爱喝鲜奶，可喝酸奶，也可吃奶酪、奶片、黄油等。

• 蔬菜水果类：各种新鲜的蔬菜，可凉拌、素炒、炝凉菜、醋熘，清炖萝卜、白菜肉卷是很好的孕妇菜肴；多吃新鲜水果或水果沙拉，是缓解孕吐的有效方法。

今日提醒

准妈妈进食后如呕吐，千万不要精神紧张，可以做做深呼吸，或听听音乐，或到室外散散步，然后再继续进食。进食以后，最好卧床休息半小时，使呕吐症状减轻。

怀孕

064

天

多吃富含锌的食物

锌起着转运物质和交换能量的作用，被誉为"生命的齿轮"。怀孕期间，准妈妈对各种矿物质的需求量增多，对锌的需求也在增加。

锌能为准妈妈保驾护航

锌是促进生长发育的重要元素之一，是体内物质代谢中很多金属酶的组成成分和活化剂。它能维持人体各种功能的运作，并且能够保护体内的酶系统和细胞，是合成蛋白质的主要物质之一。锌对生殖腺功能有着重要的影响，准妈妈在孕期摄取足量的锌，分娩时就会顺利得多，胎儿也会很健康。

锌缺乏的危害

准妈妈缺锌，除出现食欲缺乏、味觉异常等症状外，还会影响胎儿的大脑发育，使其智力低下，甚至出现脑、心血管、骨的畸形及尿道下裂、隐睾、低体重等，胎儿的死亡率也会增加。准妈妈缺锌，子宫肌收缩力会很弱，会使产程延长，可能造成难产。

锌缺乏的危害

锌的食物来源

富含锌的食物包括：肉、蛋、奶类食物如猪肾、猪肝、瘦肉、蛋类、奶类等；海产品如紫菜、鱼、虾皮、牡蛎、蛤蜊等；豆类食物中的绿豆、黄豆、蚕豆等；植物类食物中蘑菇含锌量较高；坚果类食物中也含有较多的锌，如花生、板栗、核桃等。

准妈妈和哺乳的妈妈每日锌的摄入量应为20毫克。

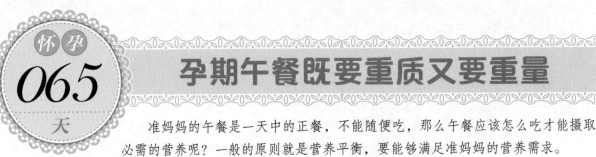

孕期午餐既要重质又要重量

怀孕 065 天

准妈妈的午餐是一天中的正餐，不能随便吃，那么午餐应该怎么吃才能摄取必需的营养呢？一般的原则就是营养平衡，要能够满足准妈妈的营养需求。

午餐不能应付

准妈妈的午餐一定不能应付，更不能过多食用如方便面、方便米饭等方便食品，大量防腐剂会极其严重地影响胎儿的发育。准妈妈吃饱的标准是感觉到胃胀，但一定要适可而止，不能吃得太饱从而对消化系统造成障碍。

优质适量是健康的保障

优质适量的午餐是准妈妈身体正常运作的保证，也为胎儿的健康发育提供了必要的营养保障，可以说午餐在三餐中的地位是最重要的，准爸爸一定要用心为妻子准备好美味的午餐，让准妈妈和胎儿的身体都得以更为全面、健康的发展。

三餐间隔要注意

一日三餐的间隔也要注意，不能间隔过久，但时间太短往往让准妈妈不是特别有食欲。最好两顿正餐之间的间隔在 6 小时左右，其中热量占全天总餐食量的 40%，多吃含矿物质丰富的绿色食品，并且注意荤素搭配均衡。

怀孕 **066** 天

西瓜，夏季瓜果之王

西瓜不仅可口美味，还含有胡萝卜素、硫胺素、核黄素、尼克酸以及蛋白质、糖、粗纤维、无机盐、钙、磷、铁等物质，是准妈妈夏季的消暑良品。

西瓜能帮助准妈妈消除水肿

●利尿消肿：西瓜不但具有清热解暑、止渴除烦的功效，还能增加尿量，帮助准妈妈排出体内多余水分，消除水肿。有水肿的准妈妈不妨多吃西瓜。

●帮助对蛋白质的吸收：现代研究发现，西瓜汁中含有蛋白酶，可将不溶性蛋白质转化为水溶性蛋白质，以帮助人体对蛋白质的吸收。

●利尿消炎：西瓜中的糖能利尿；矿物质能消除肾脏的炎症。

最佳食用方法

●西瓜皮与赤小豆煎汤当茶饮用，有利水消肿的功效。

●西瓜与鳝鱼搭配有补虚损、祛风湿的功效。

●西瓜与鸡蛋同食，具有滋阴润燥、清咽开音、养胃生津的功效。

怀孕 **067** 天

孕期维生素的补充标准

孕期是一个特殊的生理阶段，准妈妈对维生素的需求可能会增加。那么，准妈妈在整个孕期应该补充多少维生素呢？

维生素 A：促进细胞分化 ♥

一般成年人每天维生素 A 的摄入量为 0.8 ~ 1.1 毫克。而孕妇每日维生素 A 的摄入量为 1.2 毫克。

维生素 B_1：大脑维生素 ♥

由于维生素 B_1 在人体内仅停留 3 ~ 6 小时，所以必须每天补充。准妈妈的需要量比一般成人稍微高一些，应保证每天摄入量在 1.5 ~ 1.8 毫克。

维生素 B_2：促生长因子 ♥

妊娠期每天需摄入维生素 B_2 约 1.8 毫克。哺乳期间，前 6 个月每日应摄取 2.1 毫克，后 6 个月可略少一些。

维生素 B_6：促进蛋白质代谢 ♥

一般来说，成人每天的摄取量是 1.6 ~ 2.0 毫克，而准妈妈则需要 2.2 毫克，哺乳期间需要 2.1 毫克。

维生素 C：提高免力 ♥

一般情况下，成人每日摄取 60 ~ 80 毫克就能满足需要；但妊娠期和哺乳期的女性需要得更多，应为 90 ~ 120 毫克。

维生素 D：骨骼生长促进剂 ♥

孕早期每日 5 微克，孕中期和孕晚期为 10 微克，哺乳期略有减少。

维生素 E：血管清道夫 ♥

成人每天可摄取 10 ~ 14 毫克；准妈妈和哺乳妈妈在此基础上可适当增加 5 ~ 10 毫克。

 专家答疑

Q 是不是吃复合维生素片就能满足孕妈妈对维生素的需要了？

A 孕期微量元素千万不可以乱补，要根据日常饮食的营养结构来进行选择，有必要的时候还需要咨询医生。

怀孕
068
天

素食准妈妈的饮食安排

素食准妈妈一定会有诸多饮食方面的困惑，既想坚持吃素，又怕影响胎宝宝的身体健康。那么，孕期该如何科学吃素呢？

 ## 植物性蛋白质为主 ♥

蛋白质是构成生物体的主要原料，具有建造组织的功能，准妈妈在怀孕期间必须摄取足够的蛋白质，以供应胎宝宝成长发育。蛋白质的主要来源包括肉、蛋、奶、豆类食品，一般来说，动物性蛋白质是比较理想的蛋白质来源，而素食准妈妈因为饮食习惯的不同，蛋白质的来源则以植物性蛋白质为主。

为了满足孕期所需，素食准妈妈应该多摄取奶、蛋及黄豆制品，如果准妈妈为全素者，不妨在怀孕期间改吃奶蛋素，增加蛋白质的摄取来源。

多吃海藻类的食物 ♥

维生素 B_{12} 的主要功能，在于促进红血球再生、维护神经系统健康，以及帮助脂肪、碳水化合物、蛋白质的吸收，准妈妈如果摄取不足，容易出现恶性贫血、倦怠。由于维生素 B_{12} 主要存在于动物性食物（蔬菜类食物中仅有海藻类和紫菜含维生素 B_{12}），因此素食准妈妈较容易缺乏维生素 B_{12}，建议多吃蛋、牛奶、海藻类、紫菜等食物。

 ## 聪明搭配补充铁质 ♥

怀孕期间，母体体内的铁质要大量供给胎儿造血，因此，准妈妈必须特别注重铁质摄取，除了要多摄取富含铁质的食物，如红凤菜、苋菜、紫菜、葡萄干、红枣、樱桃、葡萄、苹果，也别忘记搭配食用维生素 C 含量高的水果，如番石榴、番茄、奇异果，以帮助铁质的吸收。另外，茶和咖啡则会影响铁质吸收，素食准妈妈最好少喝。

准妈妈擅自进补危害大

有些准妈妈想尽各种进补的办法安胎。其实，如果没有医生的指导，准妈妈擅自做主进补，反而可能伤害到自己及腹中的胎宝宝。

是药三分毒

即使是补药也并不是对人体完全无害的。药物进入人体后也要经过新陈代谢，这就会增加肝脏的工作负担，产生一定的副作用。比如，有的准妈妈因为小腿经常抽筋，所以擅自服用维生素，结果导致摄入的维生素过量，引起中毒。像蜂王浆、蜂乳等，虽然有滋补的功效，但是也会干扰准妈妈和胎宝宝的激素水平。

忌滥用人参

准妈妈不可以滥用人参。虽然我们都知道人参是补元气的佳品，但是对准妈妈来说，怀孕后阴血偏虚、阳血偏盛，食用人参会使气盛阴耗，导致胎宝宝受损，不利于安胎。

忌热性食物

准妈妈进补时宜遵循"忌热宜凉"的原则，在医生的指导下服用补品。如狗肉、羊肉等热性的食品要尽量少吃，水果可吃些梨、番茄、桃子等性味平凉的。

今日提醒

从怀孕到生产、哺乳期，营养需求增加，代谢增大，体力损耗极大，需要及时补充各类营养，以增强体质，消除疲劳。但盲目进补很容易造成悲剧。孕期进补非小事，咨询医生是关键。

怀孕
070
天

海带可降低血脂

海带中的碘极为丰富，还能清除附着在血管壁上的胆固醇，调顺肠胃，促进胆固醇的排泄，有利于准妈妈补碘和胆固醇正常摄入。

海带是准妈妈理想的补碘主力军

海带富含碘、钙、磷、硒等多种人体必需的微量元素，其中钙含量是牛奶的 10 倍，磷含量比所有的蔬菜都高。海带还含有丰富的胡萝卜素、维生素 B_1 等维生素，故有长寿菜之称。海带不仅是准妈妈最理想的补碘食物，还是促进胎宝宝大脑发育的好食物。

最佳食用方法

• 海带食用前不要长时间浸泡，一般浸泡 6 小时左右就行了。因为浸泡时间过长，海带中的营养物质会溶解于水，营养价值就会降低。

• 如果海带经水浸泡后像煮烂了一样没有韧性，说明已经变质不能再食用。

• 吃海带后不要马上喝茶（茶含鞣酸），也不要立刻吃酸涩的水果（酸涩水果含植物酸）。

• 在制作菜肴时最好是用海带来煮汤，可将营养素全部都留在汤中。此外，清炒海带肉丝、海带虾仁或与绿豆、大米熬粥，还有凉拌也是不错的选择。

怀孕 **071** 天

改善消化功能的膳食纤维

膳食纤维在预防人体胃肠道疾病和维护胃肠道健康方面功能突出，因而有"肠道清洁夫"的美誉。

膳食纤维能帮助准妈妈清理肠道

准妈妈摄入膳食纤维，可以增加饱腹感，膳食纤维还可以帮助清理肠道。这是因为，膳食纤维能刺激肠道蠕动，帮助粪便变软，对预防大便干燥，对缓解妊娠期常见的便秘等有较好的效果。

膳食缺乏的危害

孕期女性由于胃酸减少，体力活动减少，胃肠蠕动缓慢，加之胎儿挤压肠部，常常出现肠胀气和便秘。如果准妈妈进食大量高蛋白、高脂肪的食物，而忽视膳食纤维的摄入，易发生便秘，也不利于肠道排出食物中的油脂，间接使身体吸收过多热量，以致超重，引发妊娠期糖尿病和妊娠期高血压疾病。

膳食纤维的食物来源

很多食物中都含有膳食纤维，如粗粮、蔬菜、豆类、麦皮等。用这类富含膳食纤维的食物制成的食品，能帮助准妈妈降低血糖和血脂，准妈妈可多食用燕麦片、黑面包、糙米、豆类、新鲜蔬菜、水果、坚果等，全方面补充膳食纤维。

专家答疑

Q 怎样摄入膳食纤维效果最好？

A 准妈妈在吃完含膳食纤维的食物后最好喝杯白开水，因为食物中一部分膳食纤维是可以溶解于水中的，这样能更好地发挥膳食纤维的作用。

怀孕
072
天

准妈妈的饮食宜清淡

准妈妈的饮食宜清淡。因为鲜辣刺激的食物会给准妈妈的身体带来刺激，虽然满足了口腹之欲，却会影响消化系统甚至其他脏器的正常生理功能。

清淡饮食有益于准妈妈 ♥

平时就容易水肿的准妈妈，在孕期更容易出现水肿，所以要格外注意，多吃清淡食物，过咸、过辣、过鲜的食物都要少吃，包括：火腿、牛肉干、猪肉脯、鱿鱼丝等烟熏类食物，泡菜、咸蛋、咸菜、咸鱼等腌制类，方便面、薯片等方便食物。

清淡饮食可以减少身体中液体的滞留，从而缓解水肿，因为食欲不佳而用上述食物下饭的做法是很不可取的。另外，不要吃大量冷冻食物，冷冻食物容易影响血流速度，不利于预防水肿。还有一些难消化的食物（如油炸食品）也是引起水肿的原因之一，要少吃。

保持口味清淡的方法 ♥

• 准妈妈饮食宜清淡低盐，但不是说要绝对无盐，而是适当少吃盐。如果完全忌盐，容易导致体内钠不足，同样会影响准妈妈健康和胎宝宝发育。身体健康的准妈妈每天的盐摄入量以 5 ～ 6

克为宜。而已经患有严重水肿、高血压等疾病的准妈妈需要忌盐，每天吃盐不得超过 1.5 ～ 2 克。

• 口味比较重的准妈妈刚开始很难适应低盐食品，可以在饭菜里适当加一些不含盐的提味物质，如新鲜番茄汁、无盐醋渍小黄瓜、柠檬汁、醋、无盐芥末、香菜、洋葱、香椿、肉豆蔻等。

怀孕 **073** 天

孕期四季饮食要点

不同的季节有不同的身体照护要点，饮食也需因时而异，若能把握恰当，可以让孕期更舒适、轻松。

春季饮食重提高免疫力 ❥

春天万物生长，病菌也跟着滋生，饮食的重点是增强免疫力，预防风疹、感冒等。首先，春天适合多吃高蛋白食物，如鱼、鸡、蛋、奶等食品，以提高准妈妈身体机能；其次，食用含维生素 C 和维生素 A 丰富的食物，水果和蔬菜可以帮助准妈妈抗病毒，抵御各种致病因素的侵袭。

夏季饮食重消暑 ❥

夏季天气炎热，加上准妈妈的身体本身燥热，很容易缺水、中暑，因此需要防中暑。但是，准妈妈不要贪图凉快，大量食用生冷食物，如雪糕、冰牛奶、果汁等，以免影响消化或引起血管收缩，影响胎盘供血。

秋季饮食宜清淡、润燥 ❥

秋季气候干燥，准妈妈最容易发生便秘，因此不要急着进补，最好吃些瓜果、蔬菜，并多喝水。秋季瓜果丰富，准妈妈要警惕吃过量，此时早晚温差大，瓜果吃多了很容易腹泻。

冬季御寒食物不可多吃 ❥

冬季天气寒冷，人们会不自觉地选择一些热量较高的食品来抵御严寒，如巧克力、羊肉、桂圆、葡萄干等。这里提醒准妈妈不能食用过量，以免体重超标或者血糖过高。

妈妈，我怕冷饮

避免消化不良的方法

由于孕激素的作用，胃肠蠕动减弱，胃酸分泌减少，加上逐渐增大的子宫压迫胃肠，使很多准妈妈出现消化不良。

多吃清淡食物 ♥

食欲不振时要少吃多餐，选择自己喜欢的食物，少吃油腻荤腥的食物，最好是吃一些清淡易消化的食物，比如粥、豆浆、牛奶以及水果等。待食欲改善后，准妈妈可以增加蛋白质丰富的食物，如肉类、鱼虾和豆制品等。

少吃生冷食物刺激性食物 ♥

生冷和刺激性强的食物对消化道黏膜具有较强的刺激作用，易引起食欲不振、消化不良、腹泻，甚至引起胃部痉挛，出现剧烈腹痛。

少吃油炸食品 ♥

油炸食品经高温处理后，食物中的维生素和其他营养素均受到很大程度的破坏，加之脂肪含量较多，食后很难消化吸收。怀孕中晚期以后，准妈妈增大的子宫压迫肠道，使肠蠕动减弱，若食用油炸食品，更容易导致便秘。

对症下"药"，补充维生素 ♥

多吃富含 β 胡萝卜素的蔬菜及富含维生素 C 的水果，如：胡萝卜、甘蓝、红椒、青椒、番茄、苹果、猕猴桃；此外，富含锌的食物亦可多食，如：全谷类和水产品。准妈妈还可以多吃一些全麦食品，促进消化吸收，缓解不适。

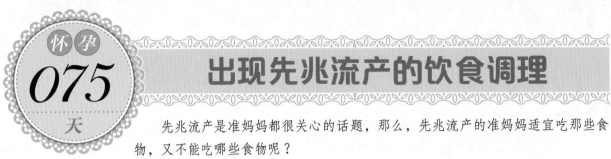

出现先兆流产的饮食调理

怀孕 075 天

先兆流产是准妈妈都很关心的话题，那么，先兆流产的准妈妈适宜吃那些食物，又不能吃哪些食物呢？

可以吃的食物 ♥

● 先兆流产的女性要吃清淡、易消化且有营养的食物。

● 不同症状者所吃的食物也不同。气虚者可食用参汤、鸡汤、小米粥等补气固胎的食物。血虚者应益血安胎，多吃糯米粥、龙眼、黑木耳、红枣、桂圆、羊肉、羊脊、羊肾、冬虫夏草、黑豆等。而血热者适合吃丝瓜、芦根、梨、山药、南瓜等，有助于清热养血。如是气血亏虚、肾虚者，要以清补为主，可以进食牛奶、豆浆、豆制品、瘦肉、鸡蛋、猪心、猪肝等食物。

不可吃的食物 ♥

● 无论是气虚者还是血热者，都不可食用薏米、肉桂、干姜、桃仁、螃蟹、兔肉、山楂、冬葵籽、荸荠等食物。

● 血热者不能食用辛辣刺激、油腻及偏湿热的食物，如辣椒、羊肉、狗肉、猪头肉、姜、葱、蒜、酒等。

● 虚者不可食用生冷寒凉食品，如生冷瓜果、寒凉性蔬菜、冰冻冷饮、冰制品。

怀孕 **076** 天

小米营养丰富，准妈妈常吃小米，可以补充怀孕流失的营养素，更好地促进胎宝宝的健康发育。

🍼 小米是准妈妈的滋补佳品 ♥

● 止呕健胃：小米富含 B 族维生素，具有消烦清热、健胃益脾的功效，适合孕吐、脾胃失调、厌食、易烦躁者食用，能够较好地缓解症状。

● 固肾安胎：小米具有安胎、养血、固肾的功效。不仅可以促进胎儿的发育，还是一种能够有效辅助治疗习惯性流产的优质食材。

● 滋阴养血：小米富含碳水化合物和脂肪，且容易被人体吸收，不仅补养气血，还能为人体提供充足的能量和营养，可使虚寒体质的准妈妈得到调养。

● 美白肌肤：小米还具有减轻皱纹、色斑、色素沉着的功效。

🍼 最佳食用方法 ♥

由于小米中赖氨酸过低，而亮氨酸又过高，所以在孕产期间，不能完全以小米为主食，应注意与其他谷物搭配，以免缺乏营养。

● 小米宜与大豆或其他谷物混合食用，大豆中富含赖氨酸，可以补充小米的不足。

● 小米可熬粥或煮成二米饭。但淘米时不要用手反复搓洗，忌长时间浸泡或用热水淘洗。

● 小米与桂圆煮粥食用，有益丹田、补虚损、开肠胃之功效。

 **今日提醒**

小米在五谷当中非常适合女性补益身体。但小米性稍偏凉，气滞、体质偏虚寒及小便清长的女性不宜过多食用。

怀孕 **077** 天

孕早期保胎的好食物

怀孕初期是胎宝宝最脆弱的时期，为了避免流产和胎宝宝发育异常等状况的发生，准妈妈除了按时产检，服从医嘱，还可以吃一些保胎的食物。

保胎蔬菜：菠菜

怀孕2个月内应多吃菠菜或服用叶酸片。但菠菜含草酸也多，草酸可干扰人体对铁、锌等微量元素的吸收，将菠菜放入开水中焯一下，大部分草酸即被破坏。

防早产食品：鱼

鱼肉富含高质量的蛋白质和脂肪，孕期每周吃一次鱼，能补充DHA和优质蛋白质，大大降低早产的可能性。

止吐好食物：土豆

土豆富含淀粉和微量元素，可以做成各种类型的食品，比如土豆丝、土豆汤、土豆饼等等，既能中和准妈妈的胃酸，缓解胃部不适，还能给准妈妈补充丰富的维生素和微量元素，在保证吃饱的同时实现了吃好的目的。

保胎养颜佳品：番茄

番茄富含维生素C、胡萝卜素、蛋白质和微量元素等，是一种很强的抗氧化剂。准妈妈在食用番茄之时，要注意选择个大、圆润饱满的，不要吃长有赘生物的番茄。

 专家答疑

Q 哪些食物有导致流产的可能？

A 螃蟹、甲鱼、薏米、山楂等寒凉酸涩的食物，准妈妈吃多了，容易导致胎象不稳，甚至流产。

怀孕
078
天

烹饪中避免维生素的流失

在蔬菜烹调和加工的过程中，很难完全保留维生素。但是可以通过一些方法，减少蔬菜中维生素的损失。

低温保存 ❤

买回家的新鲜蔬菜，如果不及时吃掉，便会慢慢损失一些维生素。如菠菜在20℃时存放若干天，维生素C损失可达80%。因此，买回后应放在阴凉干燥处，并尽快食用。

避免长时间浸泡 ❤

蔬菜清洗时，不要在水里泡时间过长，以免造成营养物质流失，特别是维生素C和B族维生素，在水里泡的时间过长很容易损失。

用大火快炒 ❤

大火快炒的，维生素C损失不到20%，若炒后再焖，菜里的维生素C损失将近60%。所以，炒菜要用大火。这样炒出来的菜，不仅色美味香，营养损失也少。烧菜时加少许醋，也有利于维生素C的保存。有些蔬菜，如黄瓜、番茄等，能生吃就不熟吃，以便尽可能多地获取维生素。

现炒现吃 ❤

有的人为节省时间习惯提前将菜做好，然后在锅里温着等家人、客人来了再吃或下顿热着吃。可是，假设蔬菜中的维生素C在烹调中损失20%，溶解在菜汤中的损失25%，如果再在火上温15分钟，会再损失20%，蔬菜中所含的维生素就所剩无几了。

怀孕 079 天

香菇，蘑菇中的皇后

香菇，是食用菌中的优良品种，有"蘑菇皇后"的美称。香菇气味香鲜，营养丰富，是高蛋白、低脂肪、低糖类，富含维生素和矿物质的保健食品。

🍼 香菇让准妈妈远离便秘 💗

● 提高免疫力：香菇不但含有抗病毒活性的双链核糖核酸类物质，还含有一种多糖类物质，能使增强人体对病毒的抵抗力，经常食用能增强免疫力，促进胎宝宝的发育。

● 降压降脂：香菇中含有嘌呤、胆碱、酪氨酸、氧化酶以及某些核酸物质，能起到降血压、降血脂的作用，可以预防妊娠高血压、妊娠水肿等疾病。

● 补益肠胃：香菇含有较多的膳食纤维，是最有益于肠胃的食物之一，孕期多吃香菇，可以让准妈妈远离便秘和痔疮的困扰。

🍼 最佳食用方法 💗

● 香菇与鸡、鸭、鱼、肉煲成美味的汤，准妈妈常食可以健脾养胃，益气活血。

● 香菇与荸荠同食，可调理脾胃、清热生津。孕期常食能补气强身、益胃助食。

● 香菇与西蓝花搭配食用可补气、润肺、化痰，并可改善食欲缺乏、身体容易疲倦等状况。

今日提醒

由于香菇中的麦角甾醇在紫外线的照射下才能转化成维生素D，所以把买来的香菇放在太阳下晒一晒再食用，或吃完香菇后及时晒晒太阳，都有助于身体吸收维生素D。

怀孕 080 天

不宜大量进食螃蟹

螃蟹有活血化瘀的功效，可能使胎气不稳，可能导致流产。准妈妈不适宜大量进食。

螃蟹性寒，影响胎宝宝成长 ♥

蟹肉性寒，味咸，可能会影响胎宝宝的生长，准妈妈吃多了有流产风险，安全起见，建议准妈妈少吃或者不吃螃蟹。特别是在怀孕早期，建议准妈妈不吃螃蟹，蟹爪更是不能吃。

吃死蟹可能带来胃肠道不适症状 ♥

如果准妈妈确实受不了美味的诱惑，孕中后期的准妈妈可少量进食，切勿多吃。还有一点需要注意，由于螃蟹是高蛋白食物，很容易变质腐败，所以吃的时候，要小心挑选，若是误吃了变质的死蟹，轻则头晕、腹疼，重则会呕吐、腹泻甚至流产。

选用其他海味来替代螃蟹 ♥

螃蟹最吸引人的是其极致的鲜味，准妈妈可以用其他的美味食物来代替螃蟹，如海虾、海鱼

等。通过清蒸等方式，尽量保持其鲜味，也能满足对美味和营养的需求。

怀孕 081 天

适合孕3月的花样主食

孕期营养的好坏，直接关系到准妈妈的身体健康及胎宝宝的发育。下面向准妈妈推荐两款由甘薯、豌豆制作的花样主食。

甘薯小窝头

原料

甘薯400克，胡萝卜200克，玉米面100克，白糖适量。

做法

① 将甘薯、胡萝卜洗净后蒸熟，取出晾凉后剥皮，挤压成细泥。用热水和玉米面，烫出玉米面的黏性。将甘薯和胡萝卜泥加入和好的玉米面中，加入白糖拌匀，并团成小团，捏成小窝头。

② 大火蒸约10分钟后取出，装盘即可。

功效

甘薯小窝头具有补中益气、清热润燥、解毒强身的功效，可以帮助预防孕期便秘。

肉丁豌豆米饭

原料

大米250克，鲜嫩豌豆150克，猪肉丁75克，盐适量。

做法

① 油锅烧热，下入猪肉丁翻炒几下，倒入鲜嫩豌豆煸炒1分钟，加入盐和水，加盖煮开后，倒入洗净的大米，用锅铲沿锅边轻轻搅动。

② 待米与水融合时把饭摊平，盖上锅盖焖煮至锅中蒸汽急速外冒时，转用文火继续焖15分钟左右即成。

功效

此饭含有蛋白质、维生素等多种营养素，有利于胎宝宝的发育。

怀孕 **082** 天

适合孕3月的滋养汤粥

孕期的营养要均衡，各种营养成分搭配需合理。在此，为准妈妈推荐两款由鱼头、麦片制作的滋养汤粥。

花生鱼头汤

原料

大鱼头1个，花生100克，腐竹1条，红枣10枚，生姜2片，盐适量。

做法

① 将花生洗净，清水浸30分钟；腐竹洗净，切小段；红枣洗净，去核；鱼头去鳃，洗净，斩成两半，备用。

② 将鱼头下油锅略煎，取出；把花生、红枣、姜片放入锅内，加清水适量，大火煮沸后，放入鱼头、腐竹煲1小时，用盐调味即成。

功效

此汤益气养血、清补脾胃，对准妈妈有很好的滋补食疗作用。

奶香麦片粥

原料

速食麦片3大匙，鲜牛奶250毫升，白糖适量。

做法

① 在速食麦片中，倒入适量开水，搅拌成稠粥。

② 将鲜牛奶放入锅中，小火煮至沸腾，倒入麦片粥中，加入白糖，搅拌均匀即可。

功效

麦片含有蛋白质、钙、铁、磷、碳水化合物等，与含钙、蛋白质丰富的牛奶搭配，更增加了营养价值。麦片中的食物纤维还能帮助准妈妈顺肠排毒。

怀孕 083 天

适合孕 3 月的美味家常菜

在孕期，准妈妈能量消耗较大，需要摄取的营养也比较多。下面推荐两款以猪肉、西芹为原料的美味家常菜。

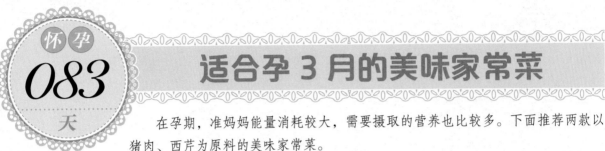

肉丁炒胡萝卜

【原料】

猪里脊肉、胡萝卜各 150 克，酱油、醋、姜片、淀粉、盐、白糖各适量。

【做法】

① 猪里脊肉洗净，切丁；将洗净的胡萝卜放入沸水中焯一下，切丁；将盐、酱油、白糖、醋、淀粉加水调成汁。

② 油锅烧热，肉丁下锅炒散，放入姜片，同时放入胡萝卜丁煸炒片刻，加入调味汁爆炒几下即可。

【功效】

胡萝卜富含维生素，有养肝明目的作用，特别适合孕期眼睛不适的准妈妈食用。

田园小炒

【原料】

西芹 100 克，鲜香菇、鲜草菇、胡萝卜各 50 克，小番茄 5 个，料酒、盐各适量。

【做法】

① 将西芹摘叶洗净，切段，余烫一下；鲜香菇、鲜草菇、小番茄分别洗净，切块；胡萝卜洗净，切片。

② 油锅烧热，依次放入西芹段、胡萝卜片、鲜香菇和鲜草菇块，翻炒均匀；烹入料酒，加入盐，大火爆炒 2 分钟左右，加入小番茄，翻炒均匀即可。

【功效】

此品可为准妈妈补充孕期所需的多种维生素，促进胎宝宝的发育。

怀孕 **084** 天

适合孕 3 月的健康饮品

饮品在为准妈妈补充水分的同时，又能补充各种营养。下面用最常见的柠檬、葡萄，为准妈妈制作两款既营养又健康的饮品。

柠檬薄荷水

原料

柠檬 1 只，薄荷叶 6 片，蜂蜜少许。

做法

1 将薄荷叶洗净后，用 1000 毫升常温白开水浸泡 1 小时；将柠檬对切，挤出柠檬汁。

2 将柠檬汁倒入薄荷水中，调匀，再浸泡约 30 分钟即可。

3 喝时可以调入少许蜂蜜。

功效

薄荷的清凉加上柠檬的清香，可作为准妈妈的日常饮品。此饮具有生津止渴、健脾开胃、润肠通便的作用。

葡萄蜜汁

原料

鲜葡萄 250 克，蜂蜜 20 克。

做法

1 将新采摘的鲜葡萄择洗干净，放入温开水中浸泡 30 分钟后，剥去外皮，除去小核。

2 将外皮切碎，与葡萄肉同放入家用果汁捣搅机中，打成浆汁。

3 用洁净纱布过滤、去渣，取鲜葡萄汁放入容器，兑入蜂蜜，拌匀即成。

功效

葡萄蜜汁可以有效预防妊娠高血压综合征、妊娠贫血、妊娠合并肝炎等疾病，还具有安神补脑、养血滋阴、和胃止吐的功效。

孕3月  每日三餐营养配餐方案

组 序	早 餐	中 餐	晚 餐
配餐方案 1	花生米粥 炸馒头片 蛋丝拌黄瓜	干贝蟹肉炖白菜 鱼香豆腐 香酥冬瓜 米饭	豆豉蒸排骨 醋溜土豆丝 山药炖兔肉 米饭
配餐方案 2	香菇粥 白水煮蛋 银丝花卷	松仁玉米 鱼香虾球 藕片南瓜汤 黄金馒头	油豆腐烧白菜 猴头菇炖柴鸡 番茄炒虾仁 银丝花卷
配餐方案 3	红小豆粥 千层饼 莴苣伴竹笋	西蓝花炒胡萝卜 鸭肉牡蛎煲 红烧冬瓜 米饭	海参烧木耳 黄花菜炒牛肉 奶油番茄汤 米饭
配餐方案 4	羊肉丝面 凉拌三丝 白水煮蛋	花生炖牛筋 青鱼炖黄豆 三鲜冬瓜汤 米饭	豌豆炒鱼丁 肉末四季豆 百合猪脚汤 米饭
配餐方案 5	牛肉萝卜米粉 琥珀花生 油炸南瓜饼	虾仁镶豆腐 花生鱼头汤 鲜虾汤 三鲜拌面	南瓜炒蛋黄 笋香猪心 海蜇马蹄瑶柱汤 米饭

组 序	早 餐	中 餐	晚 餐
配餐方案 6	脆鲜面 胡萝卜鸡蛋羹 辣萝卜丝	腊味小白菜 香菇枣香蒸鸡 鲫鱼丝瓜汤 甘薯小窝头	蜜汁鸡翅 田园小炒 三鲜汤 米饭
配餐方案 7	营养鸡丝粥 凉拌海蜇丝 煎鸡蛋	黑木耳煎嫩豆腐 红枣酥肉 滋补羊肉汤 肉丁豌豆米饭	秘制羊腿 菜心烧百合 奶汁海带汤 米饭
配餐方案 8	海鲜鸡蛋面 红油猪耳 豆浆	肉丁炒胡萝卜 清炒长豆角 火腿豆腐汤 米饭	清蒸鲶鱼 松子香蘑 芽菜节瓜猪舍汤 米饭
配餐方案 9	酥麦饼 虾仁大米粥 香蕉仙桃汁	甜椒炒丝瓜 红烧猪蹄 蘑菇肉片汤 煎饼	清炒腰果西蓝花 枸杞黑豆炖鲤鱼 金针菇虾仁汤 素三丝煎饼
配餐方案 10	凉拌莴笋丝 姜丝香油炒面 奶香麦片粥	花生炖凤爪 清炖鱼头 青笋炒鸡蛋 米饭	枸杞丝瓜溜肉片 蜜汁板栗小白菜 牛肉土豆汤 米饭

Part 04

孕4月
饮食要合理搭配

孕4月，大部分准妈妈已经度过了孕吐难受的阶段，进入了相对平稳的孕中期。腹中胎宝宝的样子也越来越可爱了，准妈妈的状态越来越好。尽情享受相对舒适的孕中期吧，这个阶段，营养均衡和心情愉快都是非常重要的哦！

怀孕 **085~086** 天

逐渐安定的孕4月

进入怀孕的第4个月，准妈妈迎来了孕中期，这是一个相对平稳的阶段，大部分准妈妈的妊娠反应开始减轻或消失，发生流产的可能性也相对减小。

胎宝宝：成长开始加速 ♥

胎宝宝发育到15周末，体重约120克，身长约16厘米。这时期胎宝宝皮肤增厚，变得红润有光泽，并开始长头发了。由于肌肉组织和骨头的发育，他的手足能稍微活动，但大多数孕妇尚不能感觉到胎动。胎宝宝心脏的搏动更加活跃，内脏几乎全部成形。这时，胎盘也形成了，与母体的联系更加紧密，流产的可能性大大减少。随着胎盘功能的逐步完善，胎宝宝的发育加速。羊水量从这个时期也开始快速增加。

准妈妈：摆脱早孕反应后的轻松 ♥

这个时候，准妈妈的腹部有沉重感，尿频、白带多等现象依然存在，基础体温渐低，并一直持续到分娩结束。妊娠反应逐渐消失，准妈妈心情比较稳定。乳房明显增大，乳头及乳晕着深褐色，从乳头里可挤出一种淡黄色黏液。应随时保持乳头的清洁，若发生乳头凹陷，要特别注意卫

生，必要时请医生处理，不要过频按摩乳房，以免诱发子宫收缩而流产。

重点关注：孕中期要注意细节 ♥

进入孕中期了，这段时间是胎宝宝生长发育最快的时期。抚摩着日渐隆起的腹部，你感到宝宝的气息了吗？做些什么可以使宝宝更加健康呢？以下是这个月的保健要点。

- 定期做产前检查，参加准妈妈学校学习。
- 保持情绪稳定，精神愉快。
- 注意平衡膳食，保证各种营养素的摄入。
- 充足的休息和睡眠。适当户外活动，做准妈妈体操。
- 和准爸爸一起对宝宝实施胎教。
- 不要穿高跟鞋，衣着要宽松舒适，内衣裤以棉质为宜。乳房要用宽松的乳罩托起，注意个人卫生。

居室通风应良好，不宜整日待在空调环境内。

孕 4 月营养饮食指导

从这月开始，胎儿开始迅速生长发育，每天需要大量营养，应尽量满足胎儿及母体营养素存储的需要，避免营养素缺乏。

增加蛋白质的摄入

为了满足胎儿和母体组织迅速增长的需要，特别是脑细胞增殖的需要，并为将来分娩和产后进行适当储备，一般每日要比孕早期多摄入 15 ~ 25 克蛋白质，其中优质蛋白质要占全部蛋白质摄入量的 50% 以上。

适量摄入植物油

为保证胎宝宝脑细胞的发育，以及能量储存，准妈妈应适量摄入植物油或多吃富含必需脂肪酸的花生、核桃、芝麻、豆类等食物。

进食要细嚼慢咽

细嚼慢咽可使唾液与食物充分混合，更有利于食物的消化，使营养素的吸收更充分，这对准妈妈的健康和胎儿的生长发育很有好处。

增加膳食纤维的摄入

准妈妈膳食纤维每日摄入量不应少于 20 克。如果平时活动少，为防止便秘，促进肠道蠕动，每日可摄入 35 克左右。

适量食用豆制品

准妈妈适量食用大豆及豆制品，可以补充蛋白质、脂类、钙及 B 族维生素等，有助于胎儿的发育。

注意饮食调配，预防贫血

从孕 4 月开始，由于准妈妈的血容量急剧增加，易出现孕期贫血。因此，应该重视膳食的科学调配，注意多吃瘦肉、家禽、动物肝及血、蛋类等富含铁的食物，以利于贫血的恢复。缺铁性贫血的准妈妈，可在医生的指导下选择摄入补铁口服液。

怀孕 **089** 天

进餐时须细嚼慢咽

细嚼慢咽，可使唾液与食物充分混合，更有利于食物的消化，使营养素的吸收更充分，这对准妈妈的健康和胎宝宝的生长发育非常有好处。

减少肠胃伤害

狼吞虎咽式的吃饭方式容易导致体内积食，肠胃负担加重，减缓肠道蠕动速度。长此以往，容易因消化不良而导致各种肠道疾病的发生。如果准妈妈在进餐时细嚼慢咽，就能够让食物更好地被消化和吸收，而不至于停留在肠道中造成堵塞。

避免过量饮食

进餐中，大脑接收到饱食的信号一般在15分钟以后，如果吃饭过快，大脑还没有接受到信号，就已经吃下去很多东西，容易造成进食过量。吃饭时细嚼慢咽能够有效减少食物的摄入量，同时也避免了由于过量饮食造成的肠胃负担。

帮助消化

食物是通过口腔再进入食道的。食物在口腔中咀嚼的过程，能够与唾液结合生成唾液淀粉酶。而这种物质恰恰是促进消化的主要动力。如果准妈妈吃得太快，容易造成新陈代谢速度减慢，食物中的维生素、矿物质和蛋白质等营养物质无法得到充分吸收。

怀孕
090
天

谨防导致畸胎的杀手食物

胎宝宝中枢神经系统的生长发育十分关键，易受到各类致畸因素的影响。所以，准妈妈要特别注意远离致畸物。

受铅污染的食物 ❤

松花蛋、爆米花和劣质的罐头食品等，都属于铅含量高的食物，准妈妈应尽量少吃或不吃。

带有弓形虫的食物 ❤

弓形虫除了可能隐藏在小动物身上外，蔬菜、水果表面以及生肉类食物也可能带有弓形虫。弓形虫可通过准妈妈的血液、胎盘、子宫、羊水、阴道等多种途径，使胎宝宝受到感染，引起流产、死胎或胎宝宝心脏畸形、智力低下、耳聋及小头畸形等。

含汞的鱼 ❤

准妈妈接触汞的最主要途径是吃了受汞污染的鱼类。位于食物链终端的大型海鱼体内的汞含量最高，比如剑鱼、金枪鱼；以及生活在被酸雨污染的湖泊里的淡水鱼，如鲈鱼、鳟鱼、梭子鱼等。吃鱼最好每周不超过2次。

久存的土豆 ❤

土豆中含有生物碱，存得越久的土豆生物碱含量越高。可影响胎儿正常发育，导致胎儿畸形。如果吃土豆时口中有点发麻，则表明该土豆中含有较多的龙葵素，应立即停止食用，以防中毒。

今日提醒

研究发现，孕妇过多地食用酸性食物，其体液"酸化"，促使血中儿茶酚胺水平增高，从而引起烦躁不安等消极情绪。这种消极情绪，可以使母体内的有毒物质分泌增加，是造成胎儿腭裂、唇裂及其他器官发育畸形的一个重要原因。

怀孕 091 天

吃出来的漂亮宝宝

准妈妈如果能有意识地进食某些食物，会对胎宝宝的生长发育起到意想不到的微妙作用。巧妙科学地调配饮食，能帮助您塑造一个称心如意的漂亮宝贝。

使宝宝的肤色细白红嫩

有的父母肤色偏黑，准妈妈可以多吃一些富含维生素 C 的食物。因为维生素 C 对皮肤黑色素的生成有干扰作用，可以减少黑色素的沉淀，使日后生下的婴儿皮肤白嫩细腻。食物中维生素 C 含量丰富的有番茄、葡萄、柑橘、菜花、冬瓜、洋葱、大蒜、苹果、梨等。

让宝宝皮肤细腻有光泽

如果父母皮肤粗糙，准妈妈应该经常食用富含维生素 A 的食物，因为它能保护皮肤上皮细胞，使日后孩子的皮肤细腻有光泽。这类食物包括动物肝脏、蛋黄、牛奶、胡萝卜、番茄、绿色蔬菜、水果、干果和植物油等。

宝宝有光泽油亮的乌发

如果父母头发早白或者略见枯黄、脱落，那么，孕妇可多吃些含有 B 族维生素的食物。比如瘦肉、鱼、动物肝脏、牛奶、面包、豆类、鸡蛋、紫菜、核桃、芝麻、玉米以及绿色蔬菜，这些食物可以使孩子的发质得到改善，使头发不仅浓密、乌黑，而且光泽油亮。

怀孕 **092** 天

适当吃些菌类食物

口感润滑、鲜香味美的菌类是许多人喜欢的食物，其中含有的丰富蛋白质、糖类、维生素和矿物质更适合准妈妈享用。

口蘑

口蘑含有丰富的膳食纤维、叶酸、铁、钙等，具有高蛋白、低脂肪、低热量、高纤维素的特点，其中维生素 B_1、烟酸的含量高于其他菌类。它还含有一种抑制肿瘤生长的物质，有明显的抗癌作用。准妈妈在挑选口蘑的时候应选择色白、茎粗、伤痕少的。

草菇

草菇营养丰富，能促进人体新陈代谢，提高人体免疫力，而且能够减慢人体对糖类的吸收，适合妊娠糖尿病妈妈食用，还可以预防胆固醇过高引起的动脉硬化。在挑选时应选中等个头，均匀，菌伞肥厚，盖面细滑，菌柄短而粗壮的。

金针菇

金针菇含有蛋白质、脂肪、粗纤维、维生素 B_1、维生素 B_2 以及人体所需的八种氨基酸等有益成分，含锌量也较高，有促进宝宝智力发育和健脑的作用。准妈妈在购买金针菇时，应选择纯白色、淡黄色或黄褐色新鲜亮泽的，持有一定水分，菌盖和茎无斑点、无缺损、无皱缩的。

今日提醒

金针菇性寒，故平素脾胃虚寒、腹泻便溏的准妈妈忌食。此外，金针菇不宜生吃，宜在沸水中烫过烹调成各种熟食。

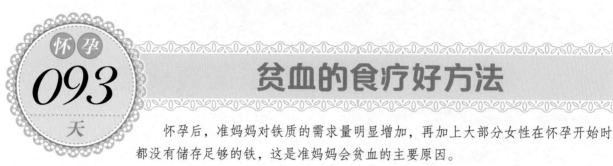

怀孕 093 天

贫血的食疗好方法

怀孕后，准妈妈对铁质的需求量明显增加，再加上大部分女性在怀孕开始时都没有储存足够的铁，这是准妈妈会贫血的主要原因。

食物要多样化

经常进食牛奶、胡萝卜、蛋黄，多吃含维生素 C 丰富的果蔬，这些食物可以补充维生素 A，有助于铁的吸收。还可于三餐间补充些牛肉干、卤鸡蛋、葡萄干、牛奶、水果等零食。

多吃有助于铁吸收的食物

水果和蔬菜不仅能够补铁，所含的维生素 C 还可以促进铁在肠道的吸收。因此，在吃富含铁的食物的同时，最好多吃一些水果和蔬菜。鸡蛋和肉可以同时食用，以提高鸡蛋中铁的利用率。或者鸡蛋和番茄同时食用，番茄中的维生素 C 可以提高铁的吸收率。

多吃富含铁元素的食物

多吃瘦肉、家禽、动物肝及血、蛋类等富含铁的食物。豆制品含铁量也较多，肠道的吸收率也较高，要注意摄取。主食多吃面食，面食较大米含铁多，肠道吸收也比大米好。

坚持写饮食日记

坚持写饮食日记，把一天中都吃了什么都清楚地记在上面，可以让准妈妈了解自己的饮食习惯，对改善孕期营养状况大有帮助。

如何写孕期饮食日记

• 吃完就写：不要在睡前再回忆今天都吃了什么，更不要在一周结束的时候才去回忆。

• 什么都要写：把日记放在包里，随时记下你吃过喝过的东西，从一罐苏打水到你从同事桌上拿来的几块饼干都要算上。这类"小吃"最容易被忽略，但对孕期健康却有很大的影响。

• 别忽略细节：一定要写明面包是否涂了果酱，汉堡里是否有奶酪，汤里是否泡饼了等。

• 要诚实：没有别人会因此而指责你，日记是写给自己看的。所以，不要假装自己的孕期饮食很健康。

饮食日记，每周要小结

一周结束时，看一下你的孕期饮食日记。现在你能发现自己有哪些饮食习惯了吗？你有多少次是在不太饿或情绪不好的时候吃东西的？你有没有吃到所有列出的营养物质？一周中是不是有几天去锻炼过？

问问自己你在过去的一周里，哪些方面做得好，哪些方面是你希望改进的。然后，写出下周孕期饮食目标，看看哪些是你该多做或少做的，哪些需要改变或只要保持就行了。

增加植物油的摄入

在漫长的孕程中，植物油能起到动物油所不能替代的保健作用。

预防湿疹的好帮手

婴儿湿疹，俗称"奶癣"，是一种对牛奶、母乳和鸡蛋白等食物过敏而引起的变态反应皮肤病，也可能是一种由遗传性素质引起的皮肤病。因为瘙痒，常使婴儿哭闹不止。此疹用药物治疗效果并不明显，且容易反复。

临床研究发现，准妈妈怀孕期间植物油吃得太少，胎宝宝出生后患婴儿湿疹的概率更大。这是因为亚油酸、亚麻酸和花生四烯酸等，在人体内无法合成，只能靠食物供给，而这些脂肪酸主要存在于植物油中。所以准妈妈应适当吃些植物油，如豆油、香油、花生油、玉米油、菜籽油等。

有效健康的能量来源

维持人类的生命能量必不可少，食物中 1 克碳水化合物和蛋白质能产生 16 千焦能量，而每克植物油则可以产生 36 千焦的能量。可见，植物油能够产生更多的能量。

促进骨骼和肌肉的正常发育

植物油不仅含丰富的必需脂肪酸，还富含维生素 E。维生素 E 是胎宝宝生长发育所必须的微量元素之一，可避免胎宝宝发育异常和肌肉萎缩。补充维生素 E 可多吃些花生、芝麻、核桃以及芝麻油、豆油等。

 专家答疑

Q 在烹调的过程中，应该怎样用油才科学？

A 在烹调过程中，一定要注意油温不宜过高，因为单不饱和脂肪酸会由于高温而变成饱和脂肪酸，丧失营养价值。此外，还要注意食用油不能够反复使用。

怀孕 096 天

罐头食品对胎宝宝发育不利

有些上班族准妈妈，为了方便会携带一些罐头食品，以备不时之需。其实，罐头食品不应是常用食品。

对胎儿发育不利

罐头食品在生产过程中，为了色佳味美，加入了一定量的食品添加剂，如人工合成色素、香精、甜味剂等。另外，几乎所有的罐头食品均加入防腐剂，即使是在添加标准范围内，如果过多食用也会在体内积存，带来各种副作用，这对孕妇尤其是胎儿的发育非常不利。母体摄入较多防腐剂后，体内各种代谢酶的活性都会受到影响，从而波及胎儿。还有很多罐头中加入了盐类，孕妇过多食用可能会加重水肿。

营养价值不高

罐头食品营养可能打折扣，经高温处理后，食品中的维生素和其他营养成分都会受到一定程度的破坏，因而不能代替新鲜的蔬菜和水果。

多吃新鲜水果

准妈妈最好吃新鲜的枣、梨、杨梅、樱桃、海棠、番茄等，这些水果含有充足的水分、酸汁和粗纤维，不但可以增加准妈妈的食欲，帮助消化，而且可以避免便秘对子宫和胎宝宝的压力。同时，水果中还含有大量铁质，可以防止准妈妈发生缺铁性贫血。

怀孕 **097** 天

饮食要荤素平衡，避免营养不良

在妊娠反应的影响下，一些准妈妈可能出现营养失衡、脸色不佳、心慌气短、头晕甚至晕倒等症状，以致影响到胎宝宝的营养状况。

营养缺乏易致孕期贫血 ♥

在城市人群中约有 20% 的准妈妈患有不同程度的贫血，而在农村发病率则更高，可达 40% 以上。其原因主要是因铁、叶酸或维生素 B_{12} 缺乏所致。孕期贫血不但影响母体健康，而且也影响胎宝宝的生长发育，以及宝宝出生后的智力水平。

营养不良致胎宝宝畸形 ♥

导致胎宝宝畸形的原因很复杂，但营养与胎宝宝畸形的关系早已引起人们的关注。比如叶酸缺乏可引起流产、死胎甚至新生儿唇裂、腭裂和神经管畸形。

均衡营养，才能呵护胎宝宝 ♥

面对可能出现的营养不良，准妈妈一定不可大意。其实，日常生活中有很多好方法，能帮助准妈妈改善营养不良的状况，给胎宝宝一个营养全面均衡的好环境

孕期的膳食以清淡、易消化吸收为宜。准妈妈应当尽可能选择自己喜欢的食物。为保证蛋白质的摄入量，可适当补充奶类、蛋类、豆类、坚果类食物。荤素兼备、粗细搭配，食物品种多样化。避免挑食、偏食，防止矿物质及微量元素的缺乏。

怀孕 **098** 天

孕期主食宜粗细搭配

从营养角度讲，吃单一的精米、精面或吃单一的粗粮都不可取，准妈妈最好是精米、粗粮混合搭配才对健康有益。

粗粮与细粮的差别

人们常说的粗粮，是指精米和精面以外的谷物与杂豆，如小米、玉米、荞麦、燕麦、薏米、高粱、红小豆、绿豆、芸豆等。粗粮中的膳食纤维、维生素和矿物质的含量普遍高于精米和精面。这是由于精米、精面加工精度高，集中存在于谷粒表层的膳食纤维、维生素与矿物质在加工过程中损失较多的缘故，而粗粮中的营养素正是准妈妈容易缺乏的营养素。

粗细搭配可提高营养价值

不同种类的粮食合理搭配，可以提高营养价值。比如，谷类蛋白质中赖氨酸含量低；豆类蛋白质中富含赖氨酸，但蛋氨酸较低。若将谷类和豆类食物合用，它们各自的限制性氨基酸正好互补，大大提高了蛋白质的生物效价。

粗细搭配可减少疾病的发生率

粗粮和全谷食物的突出特点是含有较多的膳食纤维，可在肠道内吸收肠内的有毒物质，使之迅速随粪便排出体外，减少肠壁对毒物的吸收。膳食纤维还具有降血压、降血脂、防癌抗癌、防治便秘等保健功效，可以降低孕期疾病的发生概率。

今日提醒

怀孕期间，粗粮和细粮的摄入比例最好为1：4，如果不好把握，每个星期的主食有三四顿是粗粮就可以了。吃多了反而会影响某些营养物质的吸收。

小小芝麻，保健佳品

芝麻含有大量的脂肪和蛋白质，还有糖类、胡萝卜素、维生素 E、卵磷脂、钙、磷、铁等营养成分，是准妈妈不可多得的孕期补益佳品。

芝麻让准妈妈肤色更润泽

● 健美肌肤：芝麻中含有丰富的维生素 E，能防止过氧化脂质对皮肤的伤害，抵消或中和细胞内有害物质游离基的积聚，使皮肤白皙润泽，并防治各种皮肤炎症。

● 强身健脑：芝麻含有大量的脂肪、蛋白质以及糖类、胡萝卜素、维生素 E、卵磷脂、钙、铁等营养成分，能够补充身体所需，提高大脑的活力。

● 养血乌发：芝麻补肝益肾，具有养血的功效，可以改善皮肤的干枯、粗糙现象，还能令头发黑亮有光泽。

● 滑肠通便：芝麻能润滑肠道，补肺益气，对准妈妈便秘有良好的辅助疗效。

最佳食用方法

● 芝麻用来做粥效果好，还可以用于制作糕点、芝麻酱、香油、芝麻糊、拌菜等。但准妈妈

每天的食用量最好不要超过 50 克。

● 芝麻与山药同食具有补钙作用。

● 芝麻与菠菜搭配，可防止胆固醇沉淀。

● 芝麻与糯米搭配，有补脾胃、益肝肾的功效。

午饭后喝酸奶好处多

许多准妈妈都习惯早晚喝牛奶，却很少人知道午饭之后喝上一杯酸奶，对健康很有好处。

助消化、抑制有害菌

酸奶中含有大量的乳酸、醋酸等有机酸，它们不仅赋予了酸奶清爽的酸味，还可以形成细腻的凝乳，从而抑制有害微生物的繁殖，并使肠道的碱性降低，酸性增加，促进准妈妈的胃肠蠕动和消化液的分泌。

缓解心理压力

酸奶中的酪氨酸对缓解心理压力、高度紧张和焦虑而引发的疲惫有很大的帮助。经过乳酸菌发酵，酸奶中的蛋白质、肽、氨基酸等颗粒变得微小，游离酪氨酸的含量大大提高，吸收起来也更容易。午饭时或午饭后喝一杯酸奶，可以让准妈妈放松心情。

具有抗辐射作用

最新一项科学研究发现，酸奶具有减轻辐射损伤、抑制辐射后淋巴细胞数目下降的作用。摄入酸奶后的小鼠对辐射的耐受力增强，辐射对其免疫系统的损害降低。那些长时间面对电脑，无时无刻不笼罩在电磁辐射中的上班族准妈妈，在午饭后喝一杯酸奶，有利于抗辐射，对准妈妈的身体健康可谓好处多多。

专家答疑

Q 酸奶能加热吗？

A 不能加热。酸奶一经加热，所含的大量活性乳酸菌便会被杀死，不仅丧失了它的营养价值和保健功能，也使酸奶的物理性状发生改变，形成沉淀，特有的口味也消失了。因此饮用酸奶不能加热，夏季饮用宜现买现喝，冬季可在室温条件下放置一定时间后再饮用。

丝瓜，解毒消暑又安胎

丝瓜能解热毒、活血脉、通经络，还能作驱痰通奶之用，是准妈妈清爽可口的补益美食。

🍼 丝瓜是准妈妈最好的安胎剂 ❤

● 促进胎儿大脑发育：丝瓜中含有丰富的维生素 B，特别有利于胎宝宝的大脑发育。

● 活血通乳：丝瓜有凉盘解热毒、活血脉、通经络、驱痰通奶的功效。在分娩之前，准妈妈可以适量吃一些丝瓜，有助于产后通乳。

● 安胎养神：丝瓜性甘凉，清热解毒，安胎，行乳，清肿，化痰，所以准妈妈适量吃丝瓜是有益的。

🍼 最佳食用方法 ❤

● 丝瓜的吃法有很多，可以凉拌，也可以单炒，也可以和鱼、肉、蛋、豆腐这些搭配着炒，味道非常不错。

● 丝瓜汁水丰富，宜现切现做，以免营养成分随汁水流走。

● 烹制丝瓜时应注意尽量清淡，要少用油。

怀孕 **102** 天

荔枝虽好，莫过量

荔枝营养丰富。从中医的角度讲，荔枝果肉具有补脾益肝、理气补血、温中止痛、补心安神的功效。但是，准妈妈吃荔枝不宜过量。

准妈妈吃荔枝的**好处**

- 荔枝肉含丰富的维生素 C 和蛋白质，吃荔枝有助于增强机体免疫功能，提高抗病能力。
- 荔枝中丰富的糖分具有补充能量，增加营养的作用，研究证明，荔枝对大脑组织有补养作用。准妈妈吃荔枝能明显改善失眠、健忘、神疲等症。
- 荔枝拥有丰富的维生素。准妈妈吃荔枝可促进微细血管的血液循环，防止雀斑的发生，令皮肤更加光滑。

过量食入荔枝的**危害**

如果大量食用荔枝，会引起高血糖。如果血糖浓度过高，会导致糖代谢紊乱，从而使糖从肾脏中排出而出现糖尿，如果血糖浓度持续增高，容易导致胎儿巨大，体重达 4 千克甚至更多，并并发难产、滞产、死产、产后出血及感染等。

怎样吃荔枝才健康

- 吃荔枝前后适当喝点盐水、凉茶或绿豆汤，以预防"虚火"。
- 不要空腹吃荔枝，最好在饭后半小时后食用。

今日提醒

兔肉中含有多种维生素和人体所必需的8种氨基酸，尤其含有较多人体最易缺乏的赖氨酸、色氨酸，准妈妈常食兔肉能防止有害物质在体内的沉积。

尽量避免腹胀不适

怀孕 103 天

准妈妈机体内分泌系统的变化，生活作息规律的改变都可引起腹胀，但通过饮食结构和习惯的调整，可有效缓解胀气。

荷尔蒙变化造成便秘胀气 ♥

怀孕期间，因体内激素改变，黄体素的分泌也明显活跃起来。这种激素虽然可以抑制子宫肌肉的收缩以防止流产，但它同时也会使人体的肠道蠕动减慢，使得怀孕初期不仅害喜、恶心、呕吐，胃酸逆流到食道，同时有便秘的困扰，进而引起整个肠胃道不适。

少量多餐，减轻胃部压力 ♥

妊娠中晚期的准妈妈可采用少量多餐的进食原则，每次吃饭的时候记得不要吃太饱，可有效减轻腹部饱胀的感觉，孕妇不妨把每日三餐，改至一天吃六至八餐。

适量吃富含纤维素的食物 ♥

准妈妈可适量吃含丰富纤维素的食物，例如蔬菜类中的茭白、竹笋、韭菜、菠菜、芹菜、丝瓜、莲藕、萝卜等；水果中的柿子、苹果、香蕉、奇异果等。在麦皮、粗粮、蔬菜、豆类中都有丰富的膳食纤维。用麦皮、米糠、麦糟、甜菜屑、玉米皮、南瓜及海藻类。另外，植物等制成的食品，还有降低血糖、血脂的作用。

适当运动，促进肠道的蠕动 ♥

为了减轻孕期腹胀，准妈妈应增加每天的活动量，饭后散步是最佳的活动方式。随着孕期增加，每天散步的次数也可慢慢增加，或是延长每次散步的时间。

专家答疑

Q 请问腹胀便秘严重的时候可以使用泻药吗？

A 孕期千万不要自行使用泻药。腹胀便秘严重时，可请医师开一些润滑的塞剂，以免引发子宫收缩，造成流产或早产。

怀孕
104
天

不可忽视的工作午餐

午餐对职场准妈妈来说非常重要，无论是在外就餐还是选择自己带饭，一定要注意营养的均衡搭配，满足自己和腹中胎儿的营养需求。

盒饭菜式要丰富

很多单位会选用外送的盒饭做午餐，准妈妈应该选择配菜种类较多的套餐，如一份套餐里米饭、鱼、肉、蔬菜都有，这样的套餐营养就比较均衡。

与同事拼菜

上班族准妈妈要想吃得丰富而又经济，最好的办法莫过于和同事们一起拼菜吃饭，这样可以多一些菜式，荤素搭配，营养更均衡。

携带袋装牛奶

在外就餐的上班族准妈妈需要额外补充一些含钙食物。把牛奶带到办公室饮用是个不错的选择。如果办公室没有微波炉，别忘了挑选经过巴氏杀菌消毒的牛奶。巴氏奶保质时间短，注意选购，避免过期。

自己带饭

自己带饭的选择余地比较大一些，但是带饭也有弊端，比如，汤类的就比较难带，路途远的话比较麻烦。此外，自己带饭的准妈妈要准备一些时令水果来补充营养。

怀孕 **105** 天

卵磷脂，不可忽视的"大脑卫士"

卵磷脂，被誉为与蛋白质、维生素并列的"第三营养素"，是人体含量最高的膦脂，是构成神经组织的重要成分。

卵磷脂是胎宝宝最好的益智营养素

• 卵磷脂可以保障大脑细胞膜的健康，帮助其发挥正常作用，能确保脑细胞的营养输入及废物输出，保护其健康发育。

• 卵磷脂是神经细胞间信息传递介质的重要来源。如果一个人大脑的卵磷脂非常充足，那么其信息传递的速度，大脑的活力就比普通人快。

• 卵磷脂还是大脑神经髓鞘的主要物质来源。如果有充足的卵磷脂，大脑传递的信息准确性就高，也就是说记忆力强。

卵磷脂缺乏的危害

• 准妈妈在孕育一个新生命时，在短时间内需要新生大量细胞，如果准妈妈体内卵磷脂不足，母体内的羊水中卵磷脂含量就相应不足，这会阻碍胎宝宝细胞的发育，会出现各种发育障碍，如胎育不全、先天畸形，还会导致流产和早产。

• 生产时母体卵磷脂含量会急剧降低，常导致肉体及精神上的异常，继而发生产后焦虑、歇斯底里、牙齿脱落、毛发减少等，这些都是卵磷脂不足或激素分泌不平衡所引起的。

卵磷脂的食物来源

含卵磷脂丰富的食物包括蛋黄、大豆、谷类、小鱼、动物肝脏、鳗鱼、玉米油、葵花油等，但营养较完整、含量较高的还是大豆、蛋黄和动物肝脏。

准妈妈在孕期卵磷脂每日应补充 1500 毫克（2～3 个鸡蛋）为宜。

 **今日提醒**

日常生活中，准妈妈应多食凉拌豆腐、木耳炒肉片和鱼头汤，这些都是卵磷脂的食物来源。尤其是吃鱼头汤时既要吃肉也要喝汤，注意鱼脑和鱼脂肪要一同食用。

怀 孕
106
天

拒绝街边无照小吃

许多准妈妈对街边无照摊贩那便宜而又美味的小吃情有独钟，频频光顾，却不知这些看似诱人的"美食"藏着诸多的卫生隐患。

🍼 千滚油炸出有害物 ❤

摊贩在制作油炸食品时，反复使用食用油，加速食物的氧化，生成羰基、羧基、酮基、醛基等有害物质，危害准妈妈的身体健康，也影响胎儿的生长发育。

🍼 麻辣烫涮出肠胃病 ❤

街边麻辣烫常常是满满的一锅，如果没有烧开、烫熟，病菌和寄生虫卵就不会被彻底杀死，食用后容易引起准妈妈的消化道疾病。另外，麻辣烫的口味以辛辣为主，虽然能很好地刺激食欲，但由于过热过辣过于油腻，对肠胃刺激很大，食用过多有可能导致便秘。

🍼 过食烧烤危害健康 ❤

街边很多烧烤原料，如羊肉串、鱿鱼都存在严重的卫生问题，常常是羊腩和羊内脏连同其他边角废料一起加工制成，给准妈妈的健康带来损害。很多烧烤摊点将用过的竹签回收再利用，这

也容易导致疾病的传播。另外，在烤食过程中，如果食品烤得太嫩，外熟内生，吃后可能得寄生虫病。如果将食品放在明火上直接烧烤，木炭燃烧不完全所产生的致癌物质都会留在烧烤食品上，吃多了危害无穷。

夏秋季可以多吃柚子

怀孕 107 天

柚子中维生素C的含量大大超过其他水果，每100克柚肉中含维生素C为57毫克，是梨的10倍，是孕期的维生素主力军之一。

柚皮苷可治疗感冒

柚子中有丰富的柚皮苷，有止咳、解痰、抗病毒的效用，用柚皮加陈皮或姜汁、蜂蜜煎汁，可辅助治疗感冒咳嗽，但亦不可食用太多。

柚子可降血糖

柚子维生素含量比一般柑橘类水果高，而且柚子中有一种类胰岛素成分，可以降血糖，非常适合妊娠糖尿病的准妈妈食用。

柚子可缓解疲劳

柚子中含有的维生素C、柠檬酸能消除疲劳，准妈妈易疲劳倦怠，常食可缓解症状。

柚子可润肠通便

柚子果肉中含有丰富的膳食纤维，可促进大肠蠕动，帮助排便，对于深受便秘之苦的准妈妈有很大助益。

柚子可预防贫血

柚子能帮助身体吸收钙及铁，有预防贫血和促进胎儿正常发育的功效。

怀孕 **108** 天

鸡蛋，理想的营养宝库

鸡蛋是准妈妈孕期当中不可缺少的营养饮食，它含有的卵黄素、卵磷脂、胆碱，对神经系统和身体发育有利，能益智健脑、改善记忆力、促进肝细胞再生。

鸡蛋是准妈妈最好的**营养食物** ♥

● 健脑益智：鸡蛋黄中的卵磷脂、甘油三酯、胆固醇和维生素 B_2，可健脑益智，对神经系统和身体发育有很大的帮助。鸡蛋黄中的胆碱被称为"记忆素"，不但有益于胎儿的大脑发育，还能使准妈妈保持良好的记忆力。

● 保护肝脏：鸡蛋中的蛋白质、卵磷脂可使肝脏组织修复再生，还可增强代谢功能和免疫功能。

● 美容健肤：100 克鸡蛋黄含铁 6.5 毫克，能够使准妈妈面色红润。

最佳食用方法 ♥

● 鸡蛋最好蒸着吃或煮着吃。此外，鸡蛋最好和面食，如馒头、面包等一起吃，这就可以使鸡蛋中的蛋白质最大限度地被人体吸收。

● 准妈妈宜每天吃 2 个左右的鸡蛋，不宜多吃。

● 鸡蛋炒番茄，充分发挥了鸡蛋与番茄的营养功效。

专家答疑

Q 鸡蛋能和白糖同煮吗?

A 鸡蛋不能和白糖同煮。因为同煮会使鸡蛋中的氨基酸和白糖中的果糖基赖氨酸结合生成不易被人体吸收的物质，对健康产生不良作用。

怀孕 *109* 天

适合孕4月的花样主食

在孕期，准妈妈能量消耗较大，需要摄取的营养也比较多。下面向准妈妈推荐两款由萝卜、虾仁、火腿制作的花样主食。

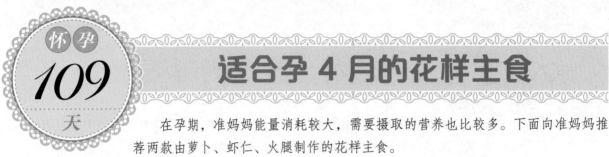

萝卜馅饼

原料

白萝卜、面粉各 250 克，猪瘦肉 100 克，葱末、姜末各适量，盐少许。

做法

① 将白萝卜洗净去皮，切成细丝，用油煸至五成熟；猪瘦肉剁细，与白萝卜丝混合，加少许葱、姜末和盐制成馅。

② 面粉加水和成若干小面团，擀成小饼，与调好的馅一起做成馅饼，在锅中烙熟即可。

功效

萝卜馅饼消积下食、健脾益胃。

虾仁火腿笋丝面

原料

面条 200 克，虾仁 150 克，火腿丝、冬笋丝各 25 克，盐、味精、料酒、鲜汤各适量。

做法

① 虾仁洗净；面条煮熟放入碗内。

② 油锅烧至七成热，下笋丝、火腿丝，煸炒 2～3 分钟，再放入虾仁炒匀，烹入料酒，加入盐、味精和鲜汤。汤汁烧开后出锅，浇在面条碗内即成。

功效

此品补肾壮骨、开胃增食，适用于缺钙、食欲差的准妈妈。

怀孕
110
天

适合孕 4 月的滋养汤粥

准妈妈烹调食物需清淡，避免食用过分油腻和刺激性强的食物。在此，为准妈妈推荐两款由猪皮、五谷制作的滋养汤粥。

红枣猪皮蹄筋汤

原料

猪皮 100 克，猪蹄筋 30 克，红枣 50 克，盐、味精各适量。

做法

① 将猪皮刮去皮下脂肪，洗净，切片；猪蹄筋用清水浸软，洗净，切小段；红枣洗净。

② 把全部用料一齐放入锅内，加清水适量，大火煮沸后，小火煮 1 小时，加盐、味精调味即可。

功效

此汤补气养血、利咽除烦，能预防孕期贫血，促进胎宝宝骨骼发育，防治孕期咽喉炎。

五谷皮蛋瘦肉粥

原料

小米、高粱米、糯米、紫米、糙米各 20 克，皮蛋 1 个，香菇 2 朵，猪肉 50 克，虾皮、盐、葱丝各适量。

做法

① 将上述五谷原料淘洗干净，加适量清水，用大火烧开后，改用小火煮至熟烂。

② 皮蛋去壳切块；香菇洗净泡发切丝；猪肉洗净切丝。

③ 油锅烧热，倒入香菇丝、虾皮爆香后加水煮开，倒入煮好的粥，加入猪肉丝和皮蛋块，煮熟后加盐，撒上葱丝即可。

功效

此粥富含维生素及粗纤维，能帮助准妈妈肠胃蠕动。

怀孕

111

天

适合孕 4 月的美味家常菜

　　孕期营养的好坏，直接关系到准妈妈的身体健康及胎宝宝的发育。下面推荐两款以牛肉、韭菜为原料的美味家常菜。

香芋牛肉煲

原料

牛肉、芋头各 150 克，香菇 30 克，葱段、姜片、蒜片、淀粉、料酒、味精、胡椒粉、盐、白糖各适量。

做法

① 牛肉切片，加味精、胡椒粉、淀粉、料酒拌匀，腌渍 2 小时；香菇泡软去蒂；芋头洗净，切片。

② 油锅烧热，放入葱段、姜片、蒜片爆香后，倒入牛肉片、芋头片、香菇片煸炒片刻，加盐、味精、白糖、料酒、清水，煮至芋头稍烂，用淀粉勾芡，倒入砂锅内用中火煮数分钟即可。

功效

此菜能健脾开胃、补气血，适合食欲不振的准妈妈。

韭菜炒鸡蛋

原料

韭菜 200 克，鸡蛋 3 个，淀粉、清汤、香油、胡椒粉、盐各适量。

做法

① 将韭菜洗净切小段；将淀粉用水拌匀制成水淀粉；将清汤、香油与胡椒粉、韭菜、水淀粉一起拌匀；在大碗内搅散鸡蛋。

② 油锅烧热，倒入韭菜、蛋液，快速翻炒至凝固，即可装盘食用。

功效

韭菜炒鸡蛋开胃增食、补充体力，并有预防孕期便秘的作用。

适合孕4月的健康饮品

准妈妈要合理安排每天的饮食，下面用最常见的黄豆、苹果、樱桃，为准妈妈制作两款既营养又健康的饮品。

燕麦核桃豆浆

原料

黄豆50克，燕麦片20克，核桃仁5粒。

做法

① 黄豆用水浸泡10～12小时，洗净。

② 将黄豆、燕麦片、核桃仁放入多功能豆浆机中，加凉白开到机体水位线间，接通电源，按下"五谷豆浆"启动键，20分钟左右豆浆即可做好。

功效

此饮品健脑益智、增强记忆，是胎宝宝的补脑佳品，并能预防准妈妈妊娠性肥胖。

樱桃苹果汁

原料

樱桃50克，苹果150克。

做法

① 樱桃洗净，去籽；苹果洗净，去核，切小块。

② 将樱桃、苹果块放入多功能豆浆机中，加凉白开到机体水位线间，接通电源，按下"果蔬汁"启动键，搅打均匀后倒入杯中即可。

功效

此果汁健脾养胃、补血益气，可改善准妈妈消化不良、少食气虚及便秘的症状。

孕4月  每日三餐营养配餐方案

组序	早餐	中餐	晚餐
配餐方案 1	鸡丝芹菜饭 紫菜蛋花汤 白水煮蛋	糖醋莴笋 肉片金针腐竹煲 五花肉丸子汤 米饭	卤五花肉 清炒小白菜 鲜虾丝瓜汤 米饭
配餐方案 2	红豆南瓜粥 鲜虾仁小笼包 豆浆	青豆带鱼 菜心烧百合 红枣猪皮蹄筋汤 黄金馒头	三色鱼卷 干煸四季豆 豆腐山药猪血汤 米饭
配餐方案 3	鸡蛋炒米饭 牛奶 无花果粥	清蒸石斑鱼 珊瑚白菜 黄豆板栗猪蹄汤 煎饼	香菇鸡块煲 莴笋炒土豆 萝卜干炖带鱼汤 蛋炒饭
配餐方案 4	海参鸭肉粥 馒头 香拌虾仁	洋葱烧肉 茄泥土豆 虾皮芸豆汤 扬州炒饭	韭菜炒鸡蛋 鱿鱼炒青椒 莲子百合瘦肉汤 花卷
配餐方案 5	菊花核桃仁粥 三丁拌花生 南瓜汁	韭菜虾仁炒鸡蛋 油焖河虾 鲍鱼汤 米饭	糖醋白菜 板栗炒羊肉 银耳老母鸡汤 米饭

组 序	早 餐	中 餐	晚 餐
配餐方案 6	猪肉大葱包 豆浆 白水煮蛋	糖醋银鱼豆芽 牡蛎炒菠菜 冬瓜肉丸汤 银丝花卷	西芹炒百合 蕨菜烧海参 山药枸杞汤 米饭
配餐方案 7	五谷皮蛋瘦肉粥 银丝花卷 甜玉米粒	小白菜心烧蘑菇 海参豆腐 冬瓜红豆汤 馒头	五味猪肚 苋菜炒肉片 银耳枸杞汤 胡萝卜丁炒面
配餐方案 8	番茄瘦肉面 牛奶 煎鸡蛋	清炒土豆丝 干烧鲫鱼 番茄肉末汤 米饭	大蒜烧长豆角 黑木耳炒五花肉 冬瓜虾仁汤 米饭
配餐方案 9	虾仁馄饨 黄金馒头 凉拌萝卜丝	香芋牛肉煲 苋菜煮皮蛋 海带豆腐汤 萝卜馅饼	番茄双花 香菜炒羊肉 紫菜蛋花汤 水饺
配餐方案 10	虾仁火腿笋丝面 豆浆 白水煮蛋	西芹炒百合 胡萝卜炖老母鸡 豆腐肉片汤 米饭	姜枣炖乌鸡 清炒包菜 生姜羊肉汤 米饭

Part 05

孕5月
避免营养过剩

　　大多数的胎宝宝会在孕5月发生胎动。准妈妈一定感到无比的惊喜吧？这个时期胎宝宝的感觉器官进入了成长关键期，大脑开始划分专门的区域，嗅觉、味觉、听觉等迅速发育，准妈妈的一切都会与胎宝宝息息相关，好好爱护自己吧。

怀孕 113~114 天

细心呵护孕5月

在这个相对平稳安定的时期，准妈妈仍然需要对自己和胎宝宝进行细心呵护。孕育一个健康聪明的可爱宝宝，一点儿也不能大意马虎。

🍼 胎宝宝：五官功能快速发育 💕

孕17～20周为孕5月，这个阶段胎宝宝生长较快，变化明显。妊娠16周末胎宝宝皮肤红润透明，可以见到皮下血管；根据外生殖器能分辨男或女（借助超声波）；呼吸肌开始运动；皮肤渐变暗红，逐渐不透明，开始长胎毛、胎发、眉毛、指甲。这一时期的胎宝宝皮下脂肪很少，显得皮肤不厚；头部较大，头围约17.6厘米，大小如同一只鸡蛋，大约占身长的1/3；骨骼和肌肉发育较以前结实，四肢活动增强，因此母亲可以感觉出胎动。

🍼 准妈妈：肚子越来越明显 💕

准妈妈在孕5月一般无妊娠反应，食欲较好，流产危险性小，感觉上比前几个月要舒服。在生理上，胎动、白带增加；下腹以及周边疼痛（支撑子宫的韧带扩展所造成的）；可能有便秘、胃灼热、消化不良、胀气和饱胀感；由于乳腺管、腺泡发育，乳房会变得丰满，乳头着色加深；脚和足踝轻微浮肿，有时连手和脸也会肿；腿部静脉曲张，甚至有疮痔；脉搏加快（心跳速率）；背痛；腹部甚至脸部的肤色出现变化；肚脐突出，下腹部更加凸显，会感到腹部沉重。

🍼 重点关注：开始控制体重了 💕

由于从孕4月时就进入了稳定期，准妈妈食欲开始旺盛起来。从这时一直到分娩，准妈妈应该给自己定下一个目标体重，每天测量体重并记录下来。如果一个星期体重增加0.5千克以上，应该在均匀摄取必需营养的同时，减少碳水化合物的摄取量，以减轻体重。

 **今日提醒**

怀孕5个月时，应注意腹部的保暖，为防止腹部松弛，最好使用专用束腹带或腹部防护套。

怀孕
115~116
天

孕5月营养饮食指导

怀孕5个月的准妈妈饮食要多样化，应根据个人体质，合理安排饮食，保证各种营养摄入均衡，并将食物热量限制在适当范围内。

少食多餐

随着胎儿的增长，各种营养物质需求量增加，但准妈妈腹部胀大、胃部受到挤压、胃容量减少，因此，应选择体积小、营养价值高的食品，并且应少食多餐，将全天所需食物分5～6餐进食，可在两个正餐之间安排加餐，满足营养需要。

适量增加脂类食物

脂肪是构成脑组织的极其重要的营养物质，在大脑活动中起着不可代替的作用。准妈妈要注意摄取含有不饱和脂肪酸的食物：如海产品，豆油、葵花籽油、核桃油、红花油、大豆色拉油和坚果类食物。

少吃易过敏的食物

有过敏症的准妈妈要注意饮食的均衡，少食用油腻、甜及刺激性食物。应多吃维生素丰富的食物来增强身体的免疫力。还可以多吃一些具有抗过敏功效的食物，加强皮肤的防御能力。

进餐前吃一些水果

准妈妈在进餐前20～40分钟吃一些水果，水果内的粗纤维可让胃部有饱胀感，防止进餐过多导致肥胖。

减少高糖食品的摄入

有些准妈妈有吃甜食的嗜好，其实摄入过多的糖分会削弱人体的免疫力，使准妈妈身体抗病力降低，易受病菌、病毒感染，不利于胎儿发育。

怀孕 117 天

高糖食物要减少

准妈妈如果患有妊娠糖尿病，是高危妊娠，需要严格控制糖分摄入。预防妊娠糖尿病，最基本的就是少吃高糖食品。

过多的糖分会削弱免疫力

糖在人体内代谢会大量消耗钙，而孕期钙的缺乏，会影响胎儿牙齿、骨骼的发育。另一方面，孕期肾排糖功能有不同程度的降低，假如血糖过高就会加重准妈妈的肾脏负担，不利孕期健康。大量医学研究表明，摄入过多的糖分会削弱人体的免疫力，使准妈妈身体抗病力降低，易受病菌、病毒感染，不利于胎儿发育。

过多的糖分会引起糖代谢紊乱

孕期常吃高糖食物有可能引起糖代谢紊乱，甚至成为潜在的糖尿病患者。孕期糖尿病不仅危害准妈妈本人的健康，还会危及胎儿的健康发育和成长，并易出现早产、流产或死胎。

易使血糖升高的食物

高糖食物含糖量高、容易使血糖迅速升高，如白糖、红糖、冰糖、葡萄糖、麦芽糖、果糖、奶糖、果酱、果汁、蜂蜜、蜜饯、汽水、糖制糕点、甜饮料、水果罐头、巧克力、冰激凌等。同时，淀粉很容易转化为糖，淀粉含量高的食物也属于此类，如谷类、土豆、山药、芋头、藕等。

怀孕
118
天

气血双补是孕期准则

准妈妈如果气血亏虚，只要及早发现，就能通过食补得到改善，不必过于紧张。如果很严重，最好在家人的陪同下咨询医生。

多吃动物血和肝脏 ♥

如果准妈妈气血亏虚，应该吃些动物血和肝脏，动物肝脏中既含有丰富的铁、维生素 A，也有丰富的叶酸，同时还含有其他微量元素，如锌、硒等，能有效促进身体对铁质的吸收。

多吃新鲜的蔬菜 ♥

蔬菜含有的铁相对较低，而且也不利于人体吸收，但是新鲜的绿色蔬菜含有丰富的叶酸。叶酸虽然不是造血的主力军，但它参与红血球的生成，可以辅助造血，叶酸如果缺乏，也会造成细胞贫血。

黑色食物也能防治气血亏虚 ♥

黑色的食物含有丰富的铁，可改善营养性贫血，可以补益气血，所以准妈妈贫血不妨多吃一些黑色的食物，比如黑豆、黑木耳、黑芝麻等。

多吃富含高蛋白的食物 ♥

怀孕中后期应该多吃含有丰富高蛋白类的食物。孕中后期宝宝发育非常快，只要每周体重不超过1千克，就可多吃富含高蛋白类的食物，比如牛奶、鱼类、蛋类、瘦肉、豆类等。这些食物能补益气血。但要注意荤素结合，蔬菜、水果也要跟得上，以免过食油腻东西伤胃。

怀孕 **119** 天

巧克力应该怎样吃

巧克力，会让准妈妈心情愉快，把这种好心情传递给胎宝宝，是孕期的快乐食品。但是准妈妈吃巧克力是分阶段性的。

巧克力富含有益成分

• 巧克力中所含的铜元素对胚胎的正常发育具有重要作用。有些巧克力中还添加了卵磷脂，其磷的成分对胎宝宝大脑发育是大有好处的。

• 巧克力中的可可碱是一种重要的化学物质，能够起到利尿、促进心肌功能和舒张血管的作用。巧克力中其他成分也对人体有益，比如镁，可以起到降低血压的作用。而纯度越高的巧克力，也就是巧克力越黑，有益成分也越多。

• 巧克力含有丰富的碳水化合物、脂肪、蛋白质和各类矿物质，人体对其吸收消化的速度很快，因而它被专家们称之为"助产大力士"，准妈妈在临产前适当吃些巧克力，可以促使子宫口尽快开大，顺利分娩，对母婴都十分有益。

吃巧克力要分阶段

在孕初期，准妈妈适当吃一些巧克力，食用巧克力对胎儿出生后的行为会产生积极的影响。

但是，到了孕中期后就不要吃巧克力，尤其是淡巧克力了，因为巧克力可使体内摄入过多的反式脂肪酸，引起肠胃痉挛或腹泻。过多食用巧克力等高热量食品，还能造成准妈妈体重增长过快和形成巨大儿，导致妊娠糖尿病及难产。分娩时可以吃巧克力，因为巧克力容易被人体吸收，能迅速为准妈妈提供能量和热量。

专家答疑

Q 巧克力的热量很高吗?

A 巧克力的热量（以100克可食部分计）是2451千焦，在同类食物中单位热量较高。每100克巧克力的热量约占中国营养学会推荐的普通成年人保持健康每天所需摄入总热量的26%

利用饮食驱赶孕期烦躁

准妈妈的心理变化较为显著，表现为情感多变，经常处于烦躁之中。为了保证胎儿的正常发育，准妈妈可以通过饮食调理，来减少情绪的波动。

菠菜帮您赶走抑郁 ♥

菠菜和一些墨绿色、多叶的蔬菜是镁的主要来源。镁是一种能使人脑和身体放松的矿物质。

香蕉可以减少忧虑 ♥

香蕉中含有一种被称为生物碱的物质，可以振奋精神，提高信心。而且香蕉是色氨酸和维生素 B₆ 的超级来源，这些都可以帮助大脑制造血清素，减少忧虑。因此，多吃香蕉可以使心情变得愉快、开朗。尤其是患有孕期忧郁症的准妈妈，可以吃些香蕉来减少情绪低落，注意调节不良情绪。

燕麦使您摆脱焦虑 ♥

燕麦中富含 B 族维生素，而 B 族维生素有助于平衡中枢神经系统，使人安静下来。

瓜子让您远离愤怒 ♥

瓜子富含可以消除火气的 B 族维生素和镁，

还能够使人血糖平稳，有助于心情平静。

西柚净化您的心情 ♥

西柚不但有浓郁的香味，更能净化繁杂的思绪，可以提神醒脑，增强自信心，使人抗压能力增强。

怀孕 121 天

红薯，防治便秘的主力军

红薯性平味甘，有补中和血，益气生津，宽肠润燥，滋阴强肾的功效。准妈妈吃了之后不仅皮肤细腻、有弹性，还能缓解便秘。

红薯是预防便秘的能手 ❤

● 和血补中：红薯中含有大量的糖类、蛋白质、脂肪和各种维生素及矿物质，能有效地被准妈妈吸收。

● 宽肠通便：红薯经过蒸煮后可增加 40% 左右的膳食纤维，能刺激肠道蠕动，促进排便。

● 增强免疫功能：红薯中的矿物质对维持和调节人体功能起着十分重要的作用，所含的钙和镁可以预防骨质疏松。

最佳食用方法 ❤

● 红薯与玉米面搭配同吃，既可避免饭后不适，又能起到营养互补的作用。

● 红薯缺少蛋白质和脂质，因此要搭配蔬菜、水果及蛋白质食物。

● 红薯一定要蒸熟煮透。因为红薯中的淀粉细胞膜不经高温破坏，难以消化；二是红薯中的"气化酶"不经高温破坏，吃后会生不适感。

● 对准妈妈来说，红薯是很不错的食物，不过不要吃过量，如果红薯吃得过多，会使人腹胀、打嗝、放屁。其次，红薯里含糖量高，吃多了可产生大量胃酸，使人"烧心"。同时，糖分多了，身体一时吸收不完，剩余的在肠道里发酵，也会使肚子不舒服。

 今日提醒

红薯最好在午餐时段吃。因为，红薯中的钙需要在人体内经过 4～5 小时才能被吸收，而下午的日光照射可以促进钙的吸收。

怀孕 **122** 天

孕期感冒的食疗方法

漫长的十个月中，准妈妈难免会感冒。不必惊慌，很多食疗方能帮助准妈妈顺利度过难受的阶段。

鸡汤可减轻感冒症状 ♥

鸡汤可减轻感冒时鼻塞、流鼻涕等症状，而且对清除呼吸道病毒有较好的效果。可用嫩鸡一只，洗剖干净，加水煮，食时在鸡汤内加进调味品（胡椒、生姜、葱花）。

萝卜和白菜治疗感冒 ♥

感冒初期可服用萝卜和白菜汤。用白菜心250克、白萝卜60克，加水煎好后放红糖10～20克，吃菜饮汤。

姜茶治疗风寒感冒 ♥

姜茶适用于治疗风寒感冒、恶寒发热、头痛鼻塞。用橘皮、生姜各10克，加水煎，饮时加红糖10～20克。趁热服用，然后盖被，出微汗，最好能够睡上一觉，有助于降低体温，缓解头痛。

喝粥有利于感冒的治疗 ♥

感冒时多喝粥，尤其是一些具有食疗作用、加了特殊食材的粥。可用粳米50克，葱白2～3根，茎切段，白糖适量，同煮成粥，热食。

合理饮食 提高免疫力

怀孕 **123** 天

下肢水肿的饮食调理

孕期出现水肿，是由于增大的子宫压迫了准妈妈下腔静脉。轻度的水肿可以通过适宜的饮食来改善。

摄取优质蛋白质

水肿的准妈妈，特别是由营养不良引起水肿的准妈妈，每天一定要保证食入畜、禽、肉、鱼、虾、蛋、奶等和豆类食物，这类食物含有丰富的优质蛋白质。

进食足量的蔬菜水果

准妈妈每天应进食一定量的蔬菜和水果，蔬菜和水果中含有人体必需的多种维生素和微量元素，它们可以提高身体的抵抗力，加强新陈代谢，还具有解毒利尿等作用。

摄取利尿作用的食物

被认为有利尿作用的食物包括芦笋、洋葱、大蒜、南瓜、冬瓜、菠萝、葡萄、红豆等，减少摄取高糖食物。

不要吃过咸的食物

水肿时要吃清淡的食物，不要吃过咸的食物，尤其是咸菜，以防止水肿加重。

少吃或不吃易胀气的食物

油炸的糯米糕、白薯、洋葱、土豆容易引起腹胀，使血液回流不畅，加重水肿。

 专家答疑

Q 除了饮食调理水肿，平时还要注意哪些问题？

A 在日常的生活中，准妈妈注意将双腿抬高，促进双下肢血液循环，改善水肿症状。此外，准妈妈还要注意多运动，运动也有利于水肿的缓解。

怀孕 124 天

运动后的营养补给

运动会消耗准妈妈体内的很多营养物质，运动后如果不及时补充，就会对身体产生不利的影响。

及时补充蛋白质 ♥

人在运动时会消耗很多蛋白质，所以准妈妈运动后会感到疲乏。为了尽快消除疲劳感，准妈妈在运动后应补充些蛋白质类食物，除瘦肉、鱼、牛奶等动物蛋白外，还可以补充豆类等植物蛋白。

适当补充糖类食物 ♥

在运动过程中，人体主要进行的是糖类物质的有氧代谢，消耗的主要是淀粉类物质。膳食中的糖对人体内糖原含量有影响，而肌糖原含量对肌肉的活动能力有着重要的作用。因此，准妈妈在运动后可适当补充些含糖食物。

注意补充维生素 ♥

运动时体内的维生素会不同程度地参与人体代谢，维生素的消耗会增加，运动后需要及时的补充，适量进食维生素丰富的食物，如新鲜的水果、蔬菜等。

随时补充体内水分 ♥

运动中准妈妈会失去大量水分，当失水量占体重的 4% ~ 6% 时，肌肉工作能力就会下降；当失水量为体重的 10% 时，就会导致循环衰竭。所以，准妈妈运动后，应注意随时补充水分，以保证自身与胎儿的健康。

怀孕 **125** 天

妊娠糖尿病该怎么吃

饮食治疗是妊娠期糖尿病最主要、最基本的治疗方法，只有饮食调理与医疗的合理配合，才能帮助妊娠糖尿病准妈妈渡过难关。

饮食量要控制 ❤

不要进食含糖高的食物，含糖高的食物进食过多可导致血糖过高。孕中期血糖高会致胎儿畸形。

蛋白质的供给要充足 ❤

患糖尿病的准妈妈要控制饮食量，但是蛋白质的摄入量不能少，要与正常的准妈妈每日蛋白质摄入量基本相同或略高一些。特别要多吃一些豆制品，增加植物蛋白质。

要适量增加脂肪的摄入 ❤

适当增加脂肪以维持每天的供热量。多补充含维生素和矿物质丰富的食物。

少吃含糖较多的水果 ❤

每天最多吃 100 克，以柚子、猕猴桃、杨桃为主，也可吃些黄瓜、番茄。

多选用含膳食纤维的食物 ❤

膳食纤维可以减慢食物的吸收，延缓血糖的升高，同时又能降低胆固醇，通利大便。富含膳食纤维的食物有粗粮、糙米、蔬菜、麦片、麦麸、豆类等。

今日提醒

适当地增加运动量也是让妊娠糖尿病孕妇保持血糖水平正常的好方法。但是需要向医生咨询自己运动的量和强度。运动以有氧运动为主，一定要个体化，以由少到多，循序渐进的方式进行，以保证胎儿安全为前提条件。

怀孕 **126** 天

妊娠高血压的饮食调理

妊娠期高血压的准妈妈不能随便吃降压药，因为药物会对胎宝宝产生很大的危害，对付妊娠高血压，在饮食上要特别用心。

保证钙的摄入量 ♥

准妈妈要保证每天喝牛奶，牛奶和奶制品含丰富而易吸收的钙，是补钙的良好食物，以低脂或脱脂的奶制品为佳。研究表明，准妈妈增加乳制品的摄入量可减少妊娠高血压的发生。

盐的摄取要适度 ♥

盐摄入过多，容易导致水钠潴留，会使准妈妈血压升高，所以一定要控制盐的摄入量。一般建议准妈妈每天食盐量应少于 6 克。酱油用量也应注意。6 毫升酱油约等于 1 克盐的量。

搭配丰富的蔬菜和水果 ♥

保证每天摄入蔬菜 300 ~ 500 克，水果 200 ~ 400 克，多种蔬菜和水果搭配食用。因为蔬菜和水果可以增加膳食纤维的摄入，对防止便秘，降低血脂有益，还可补充多种维生素和矿物质，防治妊娠高血压。

控制热量和体重 ♥

准妈妈热量摄入过高容易导致肥胖，而肥胖是妊娠高血压的一个重要危险因素，所以准妈妈要适当控制食物的量，不是"能吃就好"的无节制进食，应以孕期正常体重增加为标准调整进食量。

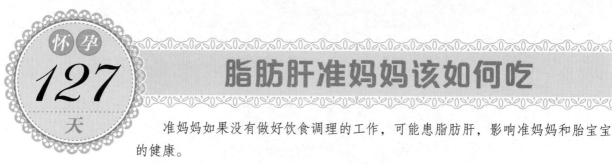

脂肪肝准妈妈该如何吃

准妈妈如果没有做好饮食调理的工作，可能患脂肪肝，影响准妈妈和胎宝宝的健康。

建立良好的饮食习惯 ♥

准妈妈在怀孕期间一般都会通过饮食大量补充营养元素，而脂肪肝与饮食是有很大的关系，预防脂肪肝必须在孕期建立良好的饮食习惯：一日三餐有规律，尽量避免过量摄食、吃零食和夜宵，避免体重增长过快。合理食用主食，不要过多食用高脂肪和高热量食品。

注意营养素的合理搭配 ♥

有脂肪肝的准妈妈要注意三大营养素的合理搭配，即蛋白质、脂肪和糖。在日常饮食中要注意增加蛋白质的摄入量，重视脂肪的质和量，糖类饮食应适量，宜吃低糖食物。

少进油腻，多吃清淡 ♥

患有脂肪肝的准妈妈应以低脂饮食为宜，并且选择以植物性脂肪为主，尽可能多吃一些不饱和脂肪酸（如橄榄油、菜籽油、茶油等），少吃一些饱和脂肪酸（如猪油、牛油、羊油、黄油、奶油等）。同时，应限制胆固醇的摄入量，日常饮食中含胆固醇高的食物有：动物内脏、脑髓、蛋黄、鱼卵、鱿鱼等。

在保证营养均衡的同时，尽量让饮食清淡。此外，准妈妈还要多吃蔬菜和水果，丰富维生素的种类。

专家答疑

Q 脂肪肝是什么原因引起的?

A 脂肪肝是指脂肪在肝内的过度蓄积。肝内脂类含量超过肝脏湿重的10%，或组织与肝实质脂肪化超过30%～50%时，就能够诊断为脂肪肝了。脂肪肝的病因较多，长期饮酒、血脂异常、肥胖及多种疾病均可引起，其中尤以肥胖兼有血脂增高者患病率为高。

怀孕 **128** 天

吃火锅一定要煮熟

火锅，是很多准妈妈爱吃的美味，但准妈妈在吃火锅的时候，一定要注意卫生，讲究科学。

保证食材的新鲜 ♥

不论是去哪一家火锅店吃火锅，准妈妈一定要注意食材的新鲜程度。因为火锅店中的食材都是批量采购，一起清洗加工的，可能会出现不新鲜、清洗不仔细等情况。准妈妈如果误食，可能会出现肠胃问题，甚至中毒。

掌握火候，保证煮熟煮透 ♥

准妈妈在吃火锅的时候，千万不要心急，一定要等到食材充分煮熟煮透，才可食用。否则极有可能引起腹胀腹泻等胃肠道疾病。不仅伤害自己的身体，还会连累腹中的胎宝宝。

不要吃刚刚出锅的食物 ♥

美味就在眼前，很多准妈妈往往会迫不及待地放入口中，这样可能会烫伤口腔和食道的黏膜，心急吃不了热豆腐嘛！

自制火锅最卫生 ♥

有条件的话，准妈妈最好在家中自己做火锅吃，这样不仅可以控制汤料的味道，如不要过于辛辣刺激，还能从源头上确保食物的干净卫生。

维生素不能代替蔬菜

维生素，对孕期保健非常重要。但是，维生素应该怎么补，补充时又该注意些什么，维生素能代替蔬菜吗？

多种维生素组合 ♥

怀孕期间，准妈妈对维生素的需求会增加。由于各种维生素之间存在相互作用，在补充维生素时，应多种维生素一起补，或维生素和铁、钙等矿物质一起补。这样的效果比单一补充某一种维生素或矿物质要好得多。

注意不要过量 ♥

摄入过大剂量的维生素可能危害健康。因为维生素 A、维生素 D、维生素 E、维生素 K 等脂溶性维生素都会在人的体内储存，如果服用过多，会慢性中毒，威胁准妈妈和胎宝宝的健康。

不要用维生素片代替蔬菜 ♥

补充维生素有食补和药补两种方式，食补主要通过吃富含维生素的蔬菜来实现，药补则通过服用各种维生素补充剂实现。有些准妈妈不喜欢吃蔬菜，往往选择服用维生素制剂进行补充，认为吃了维生素片就不用吃蔬菜了。其实，这是一

种误解。蔬菜中的维生素大部分是按一定比例存在的天然成分，是多种维生素的集合体，维生素制剂则多数是人工合成的，这二者在补充性质和补充效果上有很大差别，想用维生素制剂来代替蔬菜几乎是不可能的。此外，蔬菜中还含有碳水化合物、矿物质、纤维素等多种营养成分，营养更全面。因此，即使维生素片有一定补充作用，准妈妈也不应该用维生素片代替蔬菜。

今日提醒

补充维生素前，准妈妈最好先咨询医生，在医生指导下科学、适量地补充各种维生素，严防过量。

怀孕 **130** 天

多吃富含氨基酸的鸡肉

鸡肉蛋白质的含量比较高，所含氨基酸种类多，而且消化率高，很容易被准妈妈吸收利用，有增强体力、强壮身体的作用。

🍼 鸡肉是准妈妈的优质滋补品 ❤

• 营养丰富：鸡肉含有多种维生素、钙、锌、磷、铁、镁等营养成分，是人体生长和发育必不可少的。

• 补益佳品：鸡肉是高蛋白和低脂肪的健康食品，其中氨基酸的组成和人体的需要十分接近，特别容易被人体吸收和利用。

• 优质脂肪的来源：鸡肉所含的脂肪多为不饱和脂肪酸，对人体非常有益，具有补精填髓、温中益气、补虚损、益五脏的功效。

• 预防感冒：喝鸡汤可减轻感冒时鼻塞、流涕等症状，而且对清除呼吸道病毒有较好的效果。经常喝鸡汤可增强人体抵抗力，预防感冒。

🍼 最佳食用方法 ❤

• 鸡肉不但适于热炒、炖汤，还比较适合冷食凉拌。

• 鸡肉与金针菇同食，可防治肝脏肠胃疾病，有益于胎儿智力的发育，能增强记忆力，促进脑细胞生长。

• 鸡肉与菜心搭配，可帮助准妈妈消化、促进新陈代谢、调脏理肠。

针对父母自身缺陷选择食物

孕妇奶粉富含叶酸、亚麻酸、亚油酸、铁质、锌质等营养素，营养不良的准妈妈，经医生确诊后，可以适当补充孕妇奶粉。

父母皮肤粗糙该吃什么

如父母皮肤粗糙，为了能改善宝宝的肤质，准妈妈应常吃富含维生素 A 的食物，如牛奶、蛋黄、胡萝卜、番茄及绿叶蔬菜、水果、植物油等，维生素 A 能保护皮肤上皮细胞，使孩子的皮肤细腻光润。

父母发质不好该吃什么

如父母头发早白、枯黄或脱落，准妈妈应经常摄食含 B 族维生素的食物，如瘦肉、鱼、面包、牛奶、蛋黄、豆类、紫菜、核桃、芝麻、玉米油、水果及绿叶蔬菜，可使孩子的发质有所改变。

父母个子矮该吃什么

如准父母个子不高，为了促使生下的孩子骨骼发育良好，个子相应长高些，准妈妈应摄食含钙及维生素 D 较丰富的食物，如虾皮、红枣、蔬菜叶、蛤蜊、海带、芝麻、海藻及牛奶、蛋黄、胡萝卜等。

父母有眼疾该吃什么

如父母一方或双方有眼疾，为了促进胎儿眼睛发育，使孩子的眼睛明亮健康，准妈妈应常吃富含维生素 A 的食物，如鸡肝、蛋黄、牛奶、鱼肝油、胡萝卜、红黄色水果等。

怀孕 132 天

要营养也要避免肥胖

怀孕期间，准妈妈既要注意营养素的均衡，又应避免热量摄取过剩，避免肥胖。

控制进食量 ♥

主要控制糖类食物和脂肪含量高的食物，米饭、面食等粮食均不宜超过每日标准供给量。动物性食物尽可能多选择脂肪含量相对较低的。

多吃蔬菜水果 ♥

主食和脂肪的进食量减少后，往往饥饿感较重，可多吃一些蔬菜水果，注意选择含糖分少的水果，既缓解饥饿感，又可增加维生素和有机物的摄入。

养成良好的进食习惯 ♥

准妈妈要注意饮食有规律，按时进餐。可选择热量比较低的水果作零食，不要选择饼干、糖果、瓜籽仁、油炸土豆片等热量较高的食物作零食。

选择吃不胖的美食 ♥

• 麦片：麦片不仅可以让准妈妈精力充沛，而且还能降低体内胆固醇的水平。

• 全麦饼干与面包：当准妈妈有了想吃东西的欲望时，可以进食一些全麦饼干或全麦面包。它能保证准妈妈血糖平稳、精力充沛，帮助准妈妈打扫肠道垃圾，还能延缓消化吸收，有利于预防肥胖。

• 脱脂牛奶：除了脂肪以外，脱脂牛奶包含了全脂牛奶所有的营养。

不发胖的食物

怀孕 133 天

维生素C能增强机体免疫力

维生素C是准妈妈孕期中必不可少的维生素之一。维生素C能保护血管，增强人体的免疫力。

维生素C是准妈妈必不可少的卫士

• 防治贫血：维生素C能促进氨基酸中酪氨酸和色氨酸的代谢，改善铁、钙和叶酸的利用，促进铁的吸收，对防治缺铁性贫血有辅助作用。

• 增强抗病力：维生素C能增强准妈妈的抗病能力，预防细菌的感染，并增强免疫系统功能，降低母体血液中的胆固醇。

• 促进胎宝宝的生长发育：维生素C能促进胎儿皮肤、骨骼、牙齿和造血器官的生长。

维生素C缺乏的危害

• 妊娠过程中母体血液中的维生素C含量会逐渐下降，分娩时仅为孕早期的一半，严重缺乏维生素C的准妈妈抵抗力差，容易患病。

• 长期缺乏维生素C可导致牙龈发肿、流血，毛囊角化、肿胀，牙齿松动，骨骼脆弱及坏死。如果孕期严重缺乏维生素C会导致流产，还可能使准妈妈患坏血病，甚至会引起胎膜早破。

• 维生素C严重缺乏还会明显影响胎宝宝大脑的发育。

维生素C的食物来源

维生素C广泛存在于新鲜蔬菜和水果中，如柠檬、橘子、枣、番茄、辣椒、菜花等，各种绿叶蔬菜如芹菜、菠菜、甘蓝等含量也很丰富。

怀孕
134
天

紫菜是健康的海洋食物，有海洋脑黄金的美誉。准妈妈适量吃紫菜，能满足胎宝宝对微量元素的需求，补益准妈妈。

🍼 紫菜是最好的海洋蔬菜之一 💙

● 生血健脑：紫菜含有 12 种维生素，特别是维生素 B_{12} 含量较高。维生素 B_{12} 对血细胞的生成及促进中枢神经系统的完整起很大的作用，能够维护神经系统的健康。

● 防治水肿：紫菜富含胆碱和钙、铁，能增强记忆，预防妇幼贫血，促进骨骼、牙齿的生长。紫菜还含有一定量的甘露醇，是防治孕妇水肿的辅助食品。

● 富含"脑黄金"：紫菜富含 EPA（二十碳五烯酸）、牛磺酸和 DHA（二十二碳六烯酸），一片紫菜的牛磺酸的含量为 30 ～ 50 毫克，相当于 3 ～ 4 只牡蛎的含量。

● 预防便秘：紫菜富含膳食纤维，可促进大肠蠕动，有效预防准妈妈便秘。

🍼 最佳食用方法 💙

● 紫菜与榨菜一起做汤食用，具有清心开胃的功效。

● 紫菜与白萝卜搭配，具有清心开胃的功效，适用于辅助治疗甲状腺肿大及淋巴结核等病症。

● 紫菜与猪肉一起食用，具有化痰软坚、滋阴润燥的功效。

今日提醒

紫菜是海产食品，容易返潮变质，所以打开包装后应尽快吃完。有些过敏的准妈妈，不可以吃紫菜。

怀孕 135 天

瘦弱准妈妈的饮食调理

明显瘦弱的准妈妈在孕期易发生贫血、低钙和营养不良，对胎儿的危害较大。因此，瘦弱的准妈妈应加强营养。

合理安排饮食

对瘦弱准妈妈来说，营养是其能否安度孕期的最重要的因素。瘦弱妈妈们一定要注意均衡全面地摄入营养，而且要根据孕期的不同阶段来合理安排饮食。

尽可能提升食欲

瘦弱准妈妈也宜少吃多餐，多选择清淡、易消化的食物，保证蛋白质的摄入，适当补充奶类、蛋类、豆类、鱼类、坚果类食物。不要刻意让自己多吃些什么，根据自己的胃口、选择自己喜欢的食物即可。

饮食种类应多样化

瘦弱准妈妈应补充足够的热量和营养，以满足自身和胎儿迅速生长的需要。在饮食上，要注意荤素兼备、粗细搭配、品种多样化。避免挑食、偏食，防止矿物质缺乏。为预防缺铁性贫血，应适当补充含铁丰富的食物，如动物肝、血和牛肉等。另外，瘦弱的准妈妈还要多食用含钙较丰富的食物，如奶类、豆制品、虾皮和海带等。

怀孕 **136** 天

适当多吃补血食物

贫血不是很严重的准妈妈最好食补，生活中有许多随手可得的补血食物。下面就介绍几种常见补血食物。

猪肝 ♥

猪肝堪称"营养宝库"，优质蛋白质、维生素和微量元素的含量通常比肉类更胜一筹。100克猪肝含蛋白质19.3克、维生素A4972微克、铁22.6毫克。猪肝不但含铁量高，而且铁的吸收率也很高，为22%，因此一直以来，猪肝都是补血（补铁）的最佳选择。

黄花菜 ♥

黄花菜含铁，100克黄花菜含1.4毫克铁，还含有维生素、蛋白质等营养素并有利尿健胃的作用。

黑豆 ♥

我国向来认为吃豆有益，尤其是黑豆可以生血、乌发。黑豆的吃法随各人之便，可用黑豆煮乌鸡给准妈妈食用。

胡萝卜 ♥

胡萝卜富含维生素，且含有一种特别的营养素——胡萝卜素。胡萝卜素对补血极有益，所以胡萝卜煮汤，有不错的补血作用。

桂圆肉 ♥

桂圆肉含铁丰富，而且还含有胡萝卜素、B族维生素、葡萄糖、蔗糖等，能治疗健忘、心悸、神经衰弱等，女性怀孕和产后应多吃桂圆汤、桂圆胶、桂圆酒等。

芝麻 ♥

芝麻入肝、肾、肺、脾经，有补血明目、生精通乳、益肝养发的功效。食用芝麻，可以促进肾生血、肝藏血和脾统血的功能。

怀孕 137 天

适合孕5月的花样主食

为了准妈妈的合理膳食，以保证营养的供给，下面向准妈妈推荐两款由番茄、山药制作的花样主食。

番茄鸡蛋卤面

原料

面条200克，番茄150克，鸡蛋2个，花生油各适量，盐、白糖、姜丝各少许。

做法

① 将番茄洗净，切成滚刀块。鸡蛋磕入碗内，搅打均匀，加少许盐调一下，放入八成热的油锅内炒熟。

② 油锅烧热，下入姜丝爆出香味，倒入番茄，加入盐和白糖煮开，放入炒熟的鸡蛋，煮成卤。

③ 将煮锅置火上，放入清水烧沸，下入面条煮开，加凉水少许，再煮开，捞入碗内，加入番茄鸡蛋卤拌匀即成。

功效

此面具有开胃、促进消化、增强食欲的作用，能增强准妈妈体质。

山药扁豆糕

原料

山药200克，扁豆50克，红枣500克，陈皮3克。

做法

① 山药洗净去皮，入笼蒸熟，捣成泥；陈皮切丝；新鲜扁豆洗净切碎。

② 红枣洗净，用刀拍破，去核切碎，入笼蒸烂，碾压成蓉。

③ 将山药泥、切碎的扁豆和红枣蓉同入盆内，和匀，放入笼屉上，做成糕，上面撒上陈皮丝，用大火蒸20分钟即成。

功效

山药扁豆糕具有健脾益胃、养血安胎的功效。

怀孕 **138** 天

适合孕5月的滋养汤粥

为了保证准妈妈自身的健康和胎宝宝发育的需要。在此，为准妈妈推荐两款由鸡肉、草莓制作的滋养汤粥。

竹荪煲鸡汤

原料

母鸡1只，竹荪10根，胡萝卜1根，葱段、姜片、米酒、盐各适量。

做法

① 将竹荪洗净后放入沸水内焯烫一下；胡萝卜洗净切片；母鸡洗净备用。

② 将母鸡放入砂煲内，倒入清水没过母鸡，放入米酒、姜片、葱段煮开；改小火炖煮约1小时后放入竹荪、胡萝卜片，煮半小时调入少许盐即可。

功效

此汤具有抗疲劳的功效，非常适合准妈妈食用，可促进胎宝宝的智力发育。

草莓绿豆粥

原料

糯米、草莓各250克，绿豆100克，白糖适量。

做法

① 将绿豆拣去杂质，淘洗干净，用清水浸泡4小时；将草莓择洗干净。

② 将糯米淘洗干净，与泡好的绿豆一并放入锅内，加入适量清水，用大火烧沸后，转微火煮至米粒开花、绿豆酥烂时，加入草莓、白糖搅匀，稍煮一会儿即成。

功效

此粥香甜适口，营养丰富，具有清热解毒、消暑利水等功效。特别适合妊娠水肿的准妈妈食用。

怀孕 139 天

适合孕 5 月的美味家常菜

孕期的营养要均衡，各种营养成分搭配需合理。下面推荐两款以虾仁、芹菜为原料的美味家常菜。

西蓝花炒虾仁

原料

虾仁 200 克，红椒 1 个，西蓝花 50 克，生抽、料酒、香油、盐、白糖各适量。

做法

❶ 西蓝花洗净，掰成小块；红椒洗净，切菱形片。

❷ 炒锅热油，放入西蓝花块、红椒片煸炒 1 分钟；然后将虾仁下锅炒变色，放生抽、白糖、料酒，加入西蓝花块和红椒片，炒熟，加盐，淋香油即可。

功效

本品有利于胎宝宝的生长发育，更重要的是能提高人体免疫功能，增加抗病能力。

黑木耳炒芹菜

原料

芹菜 200 克，黑木耳 30 克，姜、葱、蒜、盐各适量。

做法

❶ 黑木耳发透，去蒂根；芹菜洗净切段；姜蒜切片，葱切段。

❷ 炒锅放油，将姜片、葱段、蒜片爆香，放入芹菜、黑木耳炒至芹菜断生，加盐等调味即成。

功效

本品清热平肝、和血降压，特别适合患有高脂血症、高血压的准妈妈食用。

怀孕 **140** 天

适合孕5月的健康饮品

准妈妈要合理安排每天的饮食，尽量将食物多样化。下面用最常见的黄豆、香蕉，制作两款既营养又健康的饮品。

红豆小米豆浆

原料

黄豆、小米各30克，红豆20克。

做法

① 黄豆用水浸泡10～12小时，洗净；红豆用水浸泡4～6小时，洗净；小米淘洗干净。

② 将上述食材放入多功能豆浆机中，加凉白开到机体水位线间，接通电源，按下"五谷豆浆"启动键，20分钟左右豆浆即可做好。

功效

此豆浆健脾养胃、行气补血，可增加肠胃蠕动，预防孕期便秘。

香蕉火龙果汁

原料

香蕉100克，火龙果150克。

做法

① 香蕉、火龙果去皮，切小块。

② 将香蕉块、火龙果块放入多功能豆浆机中，加凉白开到机体水位线间，接通电源，按下"果蔬汁"启动键，搅打均匀后倒入杯中即可。

功效

此果汁缓解孕期疲劳，预防孕期便秘和贫血，并有防治妊娠斑、美白肌肤的作用。

孕5月  每日三餐营养配餐方案

组序	早餐	中餐	晚餐
配餐方案 1	干贝汤面 白水煮蛋 凉拌海蜇丝	番茄炒黄豆 排骨芸豆 瘦肉燕窝汤 米饭	虾皮炒豆腐 香炸酥鱼 雪里蕻炖肉丝 米饭
配餐方案 2	番茄鸡蛋卤面 辣椒萝卜丝 馒头	蘑菇炖豆腐 豆角肉末炒茄子 番茄海带汤 干拌面	砂锅豆腐 青椒炒回锅肉 竹荪煲鸡汤 米饭
配餐方案 3	金银蛋饺 豆腐脑 素三丁	五丝草鱼 干煸花菜 什锦火腿汤 馒头	文蛤蒸蛋 芹菜丝炒香干丝 羊肉山药汤 蒸饺
配餐方案 4	牡蛎肉丝粥 银丝花卷 豆浆	竹笋红烧肉 黑木耳炒芹菜 黄豆芽猪血汤 米饭	银鱼青豆松 香菇炒油麦菜 木耳红枣汤 米饭
配餐方案 5	枣泥包子 牛奶 白水煮蛋	干烧海鱼头 土豆烧虾球 猪肝番茄汤 米饭	炸虾球 清炒西葫芦 海带结焖排骨肉 米饭

组 序	早 餐	中 餐	晚 餐
配餐方案 6	羊肝胡萝卜粥 炸春卷 豆浆	豆芽鱼片 冬瓜烧木耳 琵琶豆腐汤 米饭	荸荠鱼卷 奶油双珍 虾皮粉丝萝卜汤 米饭
配餐方案 7	猪肝蛋黄粥 煎饺 牛奶	珍珠三鲜 贵妃牛腩 雪菜笋片汤 银丝花卷	肉丁豌豆 蒜泥菠菜 鸡丝白菜汤 米饭
配餐方案 8	素蟹粉蒸饺 草莓绿豆粥 香蕉汁	豆豉蒸小排 鲜蘑菜心 黄芪猪骨头汤 千层饼	肉泥虾盒 炝炒包菜 花生鸡脚汤 馒头
配餐方案 9	五香茶叶蛋 山药扁豆糕 大米粥	西蓝花炒虾仁 豆腐炒芹菜 板栗仔鸡煲 米饭	三鲜豆腐 爆炒羊杂 三鲜牛筋汤 米饭
配餐方案 10	小窝头 凉拌榨菜丝 白水煮蛋	五花肉炒茄子 咖喱菠菜豆 香菇炖乳鸽汤 米饭	银鱼烧口蘑 菠菜卷 花生米牛肉汤 干拌面

Part 06

孕 6 月
防止营养流失

　　孕 6 月的胎宝宝大脑已经比较发达，产生了自我意识，能够很快对外界的刺激做出反应。这时候，准妈妈可以和胎宝宝多进行互动，尽情感受胎宝宝对你表达的甜蜜爱意吧！

怀孕 141~142 天

让你惊喜不断的孕6月

随着肚子里的小家伙越长越大，准妈妈也发生了很大的变化。在这一个月的成长历程中，准妈妈会有更多的惊喜。

胎宝宝：发育越来越成熟

孕21～24周为孕6月，这一时期胎宝宝发育接近成熟，身长28～34厘米，体重600～700克，身体各部位比例逐渐匀称，头围达22厘米，五官已发育成熟，面目清晰，可见清楚的眉毛、睫毛，头发变浓，牙基开始萌发。从这时开始，皮肤表面开始附着胎脂。胎脂是皮脂腺分泌的脂肪与表皮细胞的混合物，它的作用是为胎宝宝提供营养，保护皮肤，并在分娩时起到润滑作用。胎宝宝发育较结实，四肢运动活跃。胎宝宝的听力和骨骼也发育很快，心音变得越来越强，如果准爸爸把耳朵贴近准妈妈腹部，能清楚地听到胎心音。

准妈妈：容易出现异常反应

这个时期准妈妈容易出现一些异常反应：第一，由于胎宝宝在发育过程中需从母体吸收大量的铁质，易使母体血红蛋白浓度降低，引起贫血。第二，体内激素水平的改变会使肠蠕动减

慢，同时，直肠受子宫的压迫会造成顽固性便秘。有时直肠或肛门处会出现瘀血，形成痔疮。这个时候准妈妈要特别注意，如果一整天都感觉不到胎动时，就要立即到医院就诊。

重点关注：加强孕期自我保护

随着体重不断增加，准妈妈越来越感到行动不便，需要采取自我保护措施。

长时间站立会减缓腿部的血液循环，导致水肿以及静脉曲张。每站立一段时间，准妈妈就需要让自己休息一会儿，坐在椅子上，把双脚放在小板凳上，有利于血液循环和放松背部。如果条件不允许，那就选择一种让身体最舒适的姿势站立，活动相应的肌肉群。如收缩臀部，体会到腹腔肌肉支撑脊椎的感觉。准妈妈常常想伸直腰背挺肚子，这样会引起钻心的疼痛，需要长时间站立的准妈妈，为促进血液循环，可以尝试把重心从脚趾移到脚跟，从一条腿移到另一条腿。

孕6月营养饮食指导

孕6月正是胎儿发育期，要注意补充营养，如全麦制品、奶制品、豆制品等。为了营养均衡，同时还要多吃新鲜蔬菜、水果。

适当吃点"苦"味食品 ❤

准妈妈很容易上火，严重时不仅会口干舌燥，还会心绪不宁，有的人还会因虚火上升大发脾气。而"苦"味食品是"火"的天敌，因此孕期饮食应当吃点"苦"味食品，解热祛火、消除疲劳。

多吃点富含牛磺酸的食物 ❤

牛磺酸是一种含硫氨基酸，主要存在于动物内脏、瘦肉、家畜家禽、牡蛎及蛤类等食物中。准妈妈多吃含有牛磺酸的食物，既能促进胎宝宝脑细胞与视觉器官的发育，还能保护准妈妈的视力，预防妊娠高血压的发生。

睡前喝牛奶 ❤

准妈妈睡前喝牛奶不但有利于钙的吸收利用，还能起到镇定安神的作用，有利于准妈妈的睡眠。

多喝点美味养生粥 ❤

由于怀着宝宝的缘故，准妈妈的肠胃功能比较弱，粥就成了特别适合准妈妈的食物。又因为熬煮时间长，粥里的营养物质能充分析出，所以粥特别有利于准妈妈调理身体。

心脏病准妈妈要注意饮食调理 ❤

患有心脏病的准妈妈，应选择清淡、易消化而富有营养的食物，并限制食盐的摄入量。可进食富含B族维生素、维生素C、钙、镁及纤维素的食物，并限制脂肪类食物的摄入。

今日提醒

营养师建议，在制作凉拌菜时一定要选用新鲜的蔬菜，要用流动水冲洗多次。最好用热水焯一下，焯的时间不要超过1分钟，以免维生素大量流失。

怀孕
145
天

牛磺酸有助于孕育聪明宝宝

牛磺酸又称为牛胆酸，是胎宝宝生长发育必需的氨基酸。牛磺酸既可以促进大脑生长发育，又可以提高机体免疫能力。

促进脑组织和智力发育

牛磺酸能够增强中枢神经系统发育，还有抗痉挛和减少焦虑的特点，对脑细胞的增殖、移行和分化起促进作用。它是胎婴儿生长发育的必需营养素，对胎婴儿大脑发育、神经传导的完善、各种组织新陈代谢、促进钙和脂肪等营养素的吸收，以及胎儿各器官的生长发育有着促进作用。准妈妈如果缺乏牛磺酸，会造成胎婴儿脑发育障碍、反应能力低下。

提高神经传导和视觉机能

牛磺酸具有提高视觉机能、改善视觉功能、保护视网膜的功效，并有利于胎儿视觉神经与视网膜的发育。研究表明，眼睛的角膜有自我修复能力，而牛磺酸正可以强化角膜的自我修复能力，对抗眼疾。进食富含牛磺酸的食物对准妈妈预防眼疾，保护眼睛健康，以及促进胎儿的视觉器官发育都非常重要。

预防妊娠高血压

牛磺酸在循环系统中可抑制血小板凝集，降低血脂，保持准妈妈血压平稳，防止动脉硬化，抵抗心律失常，降低血液中胆固醇含量，对预防妊娠高血压大有好处。

 专家答疑

Q 怎样补充牛磺酸？

A 牛磺酸几乎存在于所有的生物之中，哺乳动物的主要脏器，如：心脏、脑、肝脏中含量较高。含量最丰富的是海鱼、贝类，如墨鱼、章鱼、虾，贝类的牡蛎、海螺、蛤蜊等。补充牛磺酸保健品一定要在医生指导下进行。

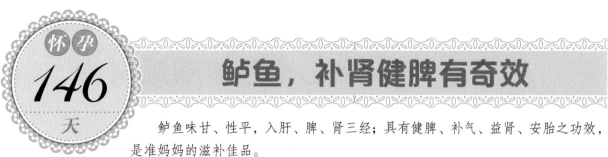

怀孕 146 天

鲈鱼，补肾健脾有奇效

鲈鱼味甘、性平，入肝、脾、肾三经；具有健脾、补气、益肾、安胎之功效，是准妈妈的滋补佳品。

🎵 鲈鱼让准妈妈味口大开 💗

● 健胃止呕：鲈鱼富含烟酸，烟酸可以降低胆固醇及甘油三酯，增强消化功能，促进血液循环，有效防治胃肠功能障碍，特别适合妊娠呕吐较严重的准妈妈。

● 补充铜元素：鲈鱼血中还有较多的铜元素，铜能维持神经系统的正常功能，并参与数种物质代谢的关键酶的功能发挥，铜元素缺乏的准妈妈可食用鲈鱼。

● 健脑益智：鲈鱼肌肉脂肪中的 DHA 和 EPA 含量较高，有益于胎儿大脑和眼睛的发育。

● 预防早产：鲈鱼含有一种十分稀有的游离脂肪酸，可使自然分娩推迟，所以能起到预防早产、安胎的作用。

🎵 最佳食用方法 💗

鲈鱼肉质不但白嫩，而且味道清香，没有腥味，为了减少DHA流失，适宜清蒸的烹制方法。

芹菜，降压降糖最有效

芹菜营养十分丰富，含钙、磷、铁以及丰富的胡萝卜素等，妊娠高血压的准妈妈可多吃些。

芹菜是妊高征准妈妈的**理想食物** ♥

• 补钙补铁：芹菜含有较多的铁和钙，能让准妈妈避免皮肤苍白干燥、面色无华，而且可使目光有神，头发黑亮。

• 镇静降压：芹菜含有黄酮类物质和芹菜素甲、乙等，还含有挥发油、甘露醇、肌醇等，这些物质有一定的镇静效果和保护血管的效果；黄酮类物质可降低毛细血管的通透性，增强小血管的抵抗力，还具有降压作用。对由妊娠高血压综合征引起的先兆子痫等并发症，有预防作用。

• 有助于控制体重：芹菜含有刺激体内脂肪消耗的化学物质，再加上其富含粗纤维，利于排泄粪便，减少脂肪和胆固醇的吸收，因而有较好的减肥效果。

最佳食用方法 ♥

• 芹菜叶柄可用冷水或热水焯后制成沙拉；可和各种肉、蔬菜一起炒、炖；可做成芹菜汁或者与其他蔬菜汁液混合饮用。

• 芹菜与花生搭配食用，可改善脑血管循环、延缓衰老。适合妊娠高血压、高血脂、血管硬化患者食用。

今日提醒

在烹调芹菜时，可先将芹菜放沸水中焯烫（焯水后要马上过凉），除了可以使成菜颜色翠绿，还可以减少炒菜的时间，减少吸入过多油脂。

怀孕 148 天

晚餐不要吃得过多

许多准妈妈白天要忙于工作，没法在家吃早餐和午餐，就把晚餐安排得比较丰富，大吃特吃，认为这样才有利于营养补充，其实这对健康极为不利。

晚餐吃多加重胃肠道负担

晚饭是对下午消耗的能量的补充，又是对夜间休息时能量和营养物质需求的供给。但晚饭后即使有散步的习惯也毕竟活动有限，而睡眠时人体对热量和营养物质的需求并不太大，一般能维持身体的基础代谢就可以了。如果准妈妈经常晚饭吃得过于丰盛，不仅可能造成营养摄取过多，还会增加肠胃负担，特别是晚饭后不久就睡觉，更不利于食物消化。

清淡简单，有利睡眠

• 细软清淡：晚餐最好以稀软清淡为宜，不要吃得太饱，这样才有利于消化，提高睡眠质量。

• 别吃胀气食物：有些食物在消化过程中会产生较多的气体，从而产生腹胀感，妨碍正常睡眠，如豆类、包心菜、洋葱、土豆、红薯等。

• 别吃辣咸食物：辣椒、大蒜及生洋葱等辛辣的食物，会造成胃部灼热及消化不良，从而干扰睡眠。另外，高盐分食物会使人摄取太多钠离子，促使血管收缩，血压上升，造成失眠。

• 喝点牛奶有助睡眠：牛奶中含有一种能使人产生疲倦感的生化物 L 色氨酸，还有微量吗啡类物质，这些物质都有一定的镇静催眠作用，牛奶中的钙还能消除紧张情绪。

玉米，粗粮中的营养皇后

玉米是粗粮中的保健佳品。多吃玉米，可以有效缓解妊娠期高血压、腹胀、痔疮等疾病，还可以滋养肌肤，抑制妊娠斑。

玉米是准妈妈的粗粮黄金 ♥

• 养血安胎：鲜玉米的胚乳中含有丰富的维生素 E，而维生素 E 有助于安胎，可用来防治习惯性流产、胎儿发育不良等。

• 预防孕吐：嫩玉米还含有丰富的 B 族维生素，对预防孕吐十分有帮助，能增进食欲。

• 预防便秘：玉米中的膳食纤维含量很高，能够刺激胃肠蠕动，加速排泄，防治便秘。

• 提高免疫力：玉米中含有丰富的维生素 C，经常食用可增强母体的免疫能力。

最佳食用方法 ♥

• 吃玉米时应把玉米粒的胚尖全部吃掉，因为玉米的许多营养都集中在这里。新鲜玉米上市的时候，准妈妈可以每天吃 1 根。

• 烹调使玉米损失了部分维生素 C，却获得了更有营养价值的活性抗氧化剂，所以玉米熟吃更佳。

怀孕 **150** 天

适当吃海参，增强免疫力

海参的营养丰富，是典型的高蛋白、低脂肪食物，而且富含 18 种氨基酸和多种微量元素。

海参是准妈妈养胎利产的美食

● 补脑益智：海参富含的 DHA 是胎儿脑神经细胞生长发育必不可少的营养物质。海参中所含的其他营养如磷脂、胆碱等均是构成大脑皮层神经膜的重要物质。

● 滋阴补血：海参除含有大量的蛋白质、矿物质等营养成分外，还含有海参素，这种物质可刺激人体骨髓红细胞的生长，使人体的造血功能增强，可有效预防贫血。

● 增强免疫力：海参富含多种生物活性成分，如黏多糖类和皂苷类等，具有增强机体免疫力，延缓肌肉衰老的功效。另外，海参中的海参素杀菌作用也特别突出，有抑制毛霉菌、曲霉菌和毛滴虫等病原体的作用，对维持孕期女性的健康有很大帮助。

最佳食用方法

● 海参可以和荤素各料进行搭配，适合采用熘、炒、烧、扒、焖、烩、蒸、煮等多种烹调方法进行烹制。

● 准妈妈可以将发制好的海参切成末，并与鸡蛋液调匀，加入适量的葱末、盐，蒸熟后趁热食用。

● 患感冒、咳嗽、气喘、急性肠炎、菌痢及大便溏薄等人群不宜食用。

 专家答疑

Q 为什么做海参时放醋，营养会大打折扣？

A 因为酸性环境会让胶原蛋白的空间结构发生变化、蛋白质分子出现不同程度的凝集和紧缩。因此，加了醋的海参不但吃起来口感、味道均有所下降，而且由于胶原蛋白受到了破坏，营养价值也大打折扣。

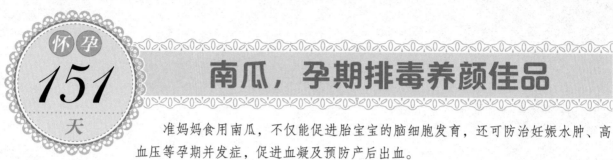

南瓜，孕期排毒养颜佳品

准妈妈食用南瓜，不仅能促进胎宝宝的脑细胞发育，还可防治妊娠水肿、高血压等孕期并发症，促进血凝及预防产后出血。

南瓜是妊娠"糖妈妈"的养颜佳品 ♥

• 促进胎儿发育：南瓜中锌的含量很丰富，锌是人体生长发育的重要物质，参与核酸与蛋白质合成，是肾上腺皮质激素的固有成分。

• 预防妊娠糖尿病：南瓜含有丰富的钴，其含量在各类蔬菜中居首位，钴能促进人体新陈代谢，加强造血功能，并参与维生素 B_{12} 的合成，是人体胰岛细胞所必需的微量元素，对防治糖尿病、降低血糖有特殊的疗效。

• 帮助身体排出毒素：南瓜不仅富含膳食纤维，其中的果胶能吸附、中和重金属铅、汞和放射性元素及农药等，起到解毒作用，还能保护胃肠道黏膜，帮助消化。

最佳食用方法 ♥

• 南瓜含丰富的糖分，较易被人体消化吸收，除做成汤、糊外，还可以煮粥、蒸食、煮食、煮饭等。

• 南瓜的皮含有丰富的 β-胡萝卜素和维生素，所以最好连皮一起食用。如果皮较硬，就用刀将硬的部分削去再食用。

• 南瓜含有较多的维生素 C 分解酶，如果与富含维生素 C 的食物同时吃，则不利于身体对维生素 C 的摄取。

今日提醒

南瓜与莲子搭配，适宜妊娠糖尿病、妊娠高血压等患者食用，也适宜肥胖、便秘者食用。

怀孕

152

天

饭后最不宜做的五件事

准妈妈作为特殊的人群，在日常饮食生活中，除重视加强营养外，日常的生活中应当注意以下的饭后"五不宜"。

🍼 不要立刻看书 💗

饭后读书看报或思考问题，会使血液集中于大脑，导致消化系统血液量相对减少，影响胃液分泌，时间一长，就会发生消化不良、胃胀、胃痛。

🍼 不要马上喝水 💗

饭后马上喝水，大量的水进入正在消化食物的胃中，冲淡了胃分泌的消化液，会影响胃对食物的消化。

🍼 不要立即洗澡 💗

洗澡会使皮肤血管扩张，血流旺盛，消化道的血流量就相应减少，消化液分泌也会减少，致使消化功能低下。因此，准妈妈饱餐后不宜立即洗澡。

🍼 不要立刻做剧烈运动 💗

饭后胃肠、肝脏、胰腺等消化器官正处于功能活动旺盛时期，大量血液集中到这些器官，而

运动时四肢的需氧量增加，需向肌肉输送大量的血液。因而饭后运动会使消化器官供血减少，致使不能顺利地进行食物的消化、吸收。

🍼 不要马上睡觉 💗

准妈妈用餐后胃内充满食物，这时如果立即睡觉不利于食物的吸收。另外，进餐后如果立即上床睡觉，很容易因大脑局部供血不足造成睡醒后头晕。

怀孕 153 天

预防便秘的饮食要点

孕期胃肠道功能有所改变，便秘症状会随着孕月的增长而增加。孕期膳食不合理会使便秘更严重。

🍼 选择含膳食纤维多的食物 ❤

选择富含膳食纤维的食物，如糙米、麦、玉米等；各种蔬菜，如豆芽、韭菜、油菜、茼蒿、芹菜、荠菜、蘑菇等；各种水果，如草莓、梅子、梨、无花果、甜瓜等。

🍼 选择含脂肪酸较多的食物 ❤

进食各种坚果和植物种子，如杏仁、核桃、腰果仁、各种瓜子仁、芝麻等；富含脂肪的鱼类。

🍼 选择能促进肠蠕动的食物 ❤

选择有利于促进肠胃蠕动的食物，如香蕉、蜂蜜、果酱、麦芽糖等。

🍼 选择含有机酸的食物 ❤

选择含有机酸的食物，如牛奶、酸奶、乳酸饮料、柑橘类、苹果等。

🍼 选择含维生素比较丰富的食物 ❤

选择含维生素比较丰富的食物，如芹菜、莴笋、紫菜、核桃、花生等。

🍼 选择含水分多的食物 ❤

选择含水分多的食物，如鲜牛奶、自己制作的鲜果汁等。

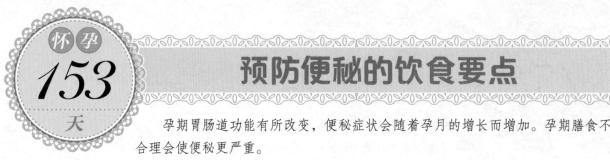

专家答疑

Q 中医对孕期便秘是怎样辨证施治的？

A 从中医而论，妊娠期女性脏腑、经络的阴血下注冲任以养胎元，故"血感不足，气易偏盛"。妇产病本以补肾滋肾、疏肝养肝、健脾和胃、调理气血为治则，妊娠期发生便秘尤应注意滋肾、健脾、调理气血。

怀孕 **154** 天

肥胖准妈妈的饮食要点

准妈妈肥胖可能产出巨大胎儿，还容易患妊娠糖尿病、妊娠高血压。因此一定要注意养，平衡膳食，切不可暴食。

控制进食量 ♥

肥胖的准妈妈要控制食用糖类食物和脂肪含量高的食物。米饭、面食等主食均不宜超过每日的标准供给量。动物性食物中应选择脂肪含量相对较低的鸡、鱼、虾、蛋、奶，少选择含脂肪量相对较高的猪、牛、羊肉，并可适当多吃豆类食品，这样可以保证蛋白质的供给。少吃油炸食物、坚果、植物种子等脂肪含量较高的食物。

多吃蔬菜水果 ♥

主食和脂肪进食量减少后，往往饥饿感较明显，可多吃一些蔬菜水果，注意要选择含糖分少的水果，既能缓解饥饿感，又可增加维生素和有机物的摄入。

养成良好的膳食习惯 ♥

有的准妈妈喜欢吃零食，边看电视边吃东西，不知不觉进食了大量食物，这种习惯非常不好，容易造成营养过剩。肥胖准妈妈要注意饮食

有规律，按时进餐。可选择热量比较低的水果作零食，不要选择饼干、糖果、瓜子、油炸土豆片等热量比较高的零食。

夜宵不能随便吃

有些准妈妈认为晚上很有必要加一餐，为胎宝宝补充能量。准妈妈吃夜宵也要注意一些问题。

注意进食时间

夜宵不要太晚吃，尤其是不要在睡前吃，建议最好在睡前2～3小时。因为夜晚是休息睡眠的时间，身体内的器官也同样需要休息，如果临睡前吃大量的夜宵，会给肠胃造成很大的负担，让肠胃无法充分休息，影响营养的吸收和睡眠的质量。

进食一定要适量

吃过多夜宵会导致肥胖，因为人体在夜间的新陈代谢慢，热量消耗少，容易堆积过多的热量和脂肪。准妈妈吃太多夜宵，易患妊娠高血压和糖尿病，准妈妈一定要注意。

尽量以清淡为主

如果真是因为肚子饿了想吃夜宵，尽量以清淡为主，不要吃高油脂高热量的食物，因为油腻的食物会使消化变慢，加重肠胃负荷，甚至可能影响到第二天的食欲。准妈妈可吃些清淡、易消化的食物，如白粥、麦片、牛奶等。

专家答疑

Q 准妈妈该如何改掉爱吃夜宵的饮食习惯？

A 首先，准妈妈要把晚餐吃好，尽量做到营养均衡，搭配合理。其次，家人要适时引导准妈妈，让准妈妈不要专注于夜宵。一段时间后，准妈妈的饮食习惯就会发生变化。

怀孕
156
天

心脏病准妈妈的营养调理

怀孕会使心脏负荷增加，有可能造成胎儿缺氧，影响胎儿的生长发育。为避免这些情况的发生，除用医药治疗外，科学安排饮食也十分重要。

心脏病准妈妈的饮食注意事项

心脏病准妈妈的饮食应以清淡、易消化而富有营养为原则，限制食盐的摄入量，多食含钾的食物（如香蕉）。钾能维持心肌正常功能。还应多食富含 B 族维生素、维生素 C、钙、镁及膳食纤维的食物，如蔬菜、水果等，同时限制脂肪类食物的摄入。如有水肿时，应控制食盐摄入量，不可大量饮水。有消化不良、肠胃胀满时应忌食产气类食物，如葱、蒜、薯类等。心悸失眠时，应忌浓茶和辛辣、刺激性食物。

适宜心脏病准妈妈的食物

可以选择能防止心脏病复发，并且对疾病恢复有帮助的食物。

• 米糠所含 B 族维生素、维生素 E、矿物质等含量远高于大米，尤其高于精白米面，适合因维生素 B$_1$ 缺乏引起心脏病的准妈妈。

• 对于高血压心脏病而言，香菇、蘑菇等菌菇类，有降压消脂的功效，可以多食；玉米富含

蛋白质、矿物质、维生素等，有助于高血压心脏病的恢复。

• 对心脏病水肿，可以选用冬瓜、绿豆，利尿消肿。

• 鲫鱼、黑鱼、豆制品等富含优质蛋白质的食物特别适合心脏病合并低蛋白血症的准妈妈。

怀孕
157
天

花生是孕期的调理师

花生的营养价值可以与鸡蛋、牛奶、肉类等一些动物性食物媲美。它含有大量的蛋白质和不饱和脂肪酸，很适合制造成各种营养食品。

花生是胎宝宝的健脑益智果

• 促进生长发育：花生富含谷氨酸、赖氨酸、天门冬氨酸和脂肪，有利于胎儿的脑部发育。

• 安胎固胎：花生含有丰富的维生素E，可有效预防流产或早产。

• 凝血止血：花生衣中含使凝血时间缩短的物质，有增强骨髓制造血小板的功效，对准妈妈防治再生障碍性贫血有很大的帮助。

• 降压增智：花生可调节血中胆固醇，明显降低血压，可以很好地预防妊娠高血压。其所含营养物质对增强胎儿脑细胞发育也有较好的效果。

最佳食用方法

• 花生宜与红枣配合食用，最适合身体虚弱的准妈妈。

• 花生与芹菜搭配食用，可改善脑血管循环、延缓衰老，防止孕期高血压、高血脂等疾症的出现。

• 花生以炖或煮食最佳，不但入口烂熟，且口感潮润，容易消化。炖煮也能避免营养成分在烹调过程中流失或受到破坏。

• 花生不易消化，在食用时应细嚼慢咽，以免增加肠胃的负担。

• 内热上火的准妈妈不宜食用花生，因花生性燥，能使口腔炎、舌炎、唇疱疹、鼻出血等更加重。

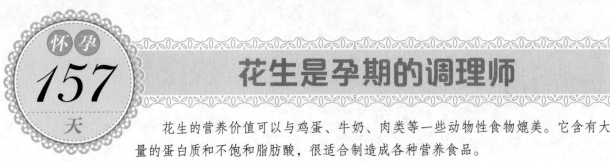

今日提醒

将花生米浸泡于食醋中，一日后食用，每日2次，每次10~15粒。长期坚持食用可降低血压，软化血管，减少胆固醇的堆积，是防治心血管疾病的保健食品。

怀孕 **158** 天

板栗，健脾补肾之果

板栗是中华民族的传统美食，是不可多得的好食物。多吃板栗能安神养胎，补益阳气，给胎宝宝一个好的身体。

板栗让准妈妈身体更健康 ❤

• 保胎安胎：板栗中丰富的叶酸非常适合孕早期的需要；其中的维生素 E 和 B 族维生素还可预防流产，有安胎功效；板栗含有的蛋白质、脂肪有利于胎儿大脑的发育。

• 缓解情绪：板栗中含有的多种微量元素能缓和情绪、抑制疼痛，对准妈妈经常性的情绪不稳有一定的缓解作用。

• 强身健体：板栗中大量的维生素 C 可维持牙齿、骨骼、血管的正常功能。常吃板栗不仅可以健身壮骨，还有消除疲劳的作用。

• 消除水肿：板栗中含有丰富的钾元素，能帮助平衡身体内的钠，加速身体多余水分的代谢，消除水肿，对缓解水肿有一定的帮助。

最佳食用方法 ❤

• 板栗与红枣合用，适合于孕期肾虚者、腰酸背痛者、腿脚无力、小便频多者。

• 板栗与糯米一起熬粥，有健脾益气养胃、强筋健骨补虚的功效。

• 炖鸡时放入板栗，有养胃、健脾、补肾、壮腰、强筋、活血的功效。

怀孕 **159** 天

DHA，增强大脑活力

众所周知，DHA 是大脑活力的源泉之一。所以，准妈妈在孕期就应补充 DHA，但 DHA 该如何正确补充呢？

DHA 是胎宝宝不可缺少的"脑黄金"

DHA 具有提高新生儿智力及预防早产等功效。DHA 对大脑细胞，尤其是对神经传导系统的发育起着重要的作用，可以保障视网膜及大脑的正常发育。孕中期和晚期是胎儿大脑细胞增殖的高峰期，此阶段是胎儿神经髓鞘化最为迅速的一段时期，需要充足的 DHA，来满足胎儿大脑发育的需要。

DHA 缺乏的危害

如果孕期母体内缺少 DHA，为胎儿的视网膜和脑细胞膜发育提供营养的磷脂质就会出现不足，对胎儿大脑及视网膜的发育十分不利，甚至会导致流产、早产、死产以及胎儿发育迟缓。

DHA 的食物来源

DHA 主要存在于海洋鱼体内，而鱼体内含量最多的部位则是眼窝脂肪，其次是鱼油。另外，鸡、鸭、竹节虾等水产品也含有 DHA。各种食用油中，以橄榄油、核桃油、香油中含有必需亚麻酸最多，在人体内可以衍生为 DHA。富含亚麻酸、天然亚油酸的核桃仁等坚果类食品，进入人体后经肝脏处理也能够生成 DHA。

孕期和哺乳期每日 DHA 补充量为 200 ~ 300 毫克。

 专家答疑

Q 怎样吃鱼能保证摄取更多的DHA?

A 想要100％地摄取DHA的方法需要生食，其次是蒸、炖、烤。但是没有必要认为鱼非得生吃不可，或者绝对不能炸着吃。DHA非常容易被吸收，摄入的60％~80％都可在肠道内被吸收，有点损失不必太在意。

设法满足准妈妈的食欲

准妈妈常常会感到食欲不振。如果此时由准爸爸亲自下厨，做几款既营养又充满爱心的菜肴，一定会让准妈妈心情愉悦、胃口大开。

 以准妈妈的口味为原则 ♥

除要保证准妈妈饮食的营养和安全外，还要考虑到准妈妈的口味偏好，毕竟只有做到妻子喜欢才是老公大厨的最高境界。除了辛辣、酸度过高等高刺激性或是生冷的口味外，都可以尝试。

 饮食多样化 ♥

准妈妈的每顿正餐都要精心准备，保证蛋白质、糖类、脂肪，及微量元素充足。主食以米饭、面食为主，蔬菜可以炒吃、煲汤、凉拌；多吃绿色蔬菜及豆类食物，还有瘦肉、鸡蛋、鱼、肉等；每样量不要多，吃的种类要多些，既可以保证营养全面，又可避免因对某一种食物的偏爱而造成食用过量。

 时间灵活化 ♥

除了三顿正餐外，还可给准妈妈两餐间加餐，按需补充，及时解馋，免得一顿吃得过多。加餐的种类要灵活多变，可以是水果、坚果类

食物、芝麻糊、燕麦片粥、饼干、黄瓜、番茄、酸奶、瓜子等。

怀孕 *161* 天

宝宝的饮食偏爱源自于准妈妈的习惯

准妈妈偏爱某种食物，胎儿也可能"品尝"到该食物的味道，这种味觉体验会对宝宝将来的饮食喜好产生直接的影响。

宝宝拒绝苦味源于天性 ♥

西蓝花、芹菜、胡萝卜和甘蓝等蔬菜对健康非常有益，但是蔬菜中特殊的苦涩味道往往令不少宝宝十分抗拒。原来婴儿抗拒苦味的原因可以追溯到人类漫长的进化过程。苦味通常由植物毒素里面所含的生物碱造成，这些毒素是植物为了防止自己被吃掉而分泌出来的。在进化过程中，人类渐渐对这种苦涩的味道产生本能的抗拒，因此宝宝出生后会拒绝略带苦味的蔬菜。

借助母体传递蔬菜的味道 ♥

如果准妈妈希望宝宝将来喜欢吃各种蔬菜，那么，首先得给宝宝适应这些蔬菜口味的机会。准妈妈经常吃某种固定的蔬菜，胎儿慢慢地就会习惯和爱上这种蔬菜。如准妈妈多吃西蓝花、芹菜、胡萝卜和甘蓝等健康蔬菜，宝宝在妈妈肚子里就开始适应这些蔬菜的味道，将能帮助宝宝培养出对这些蔬菜口味的终生喜好。这意味着妈妈们可能不需要在将来为了说服宝宝，软硬兼施，惹宝宝不开心了。

怀孕 **162** 天

绿豆，消暑消肿的好食品

绿豆中赖氨酸的含量较高。赖氨酸是是合成蛋白质的重要原料，可以提高蛋白质的利用率，从而增进孕期食欲和消化功能。

🍼 绿豆是准妈妈排毒护肾的卫士 ♥

●清热解毒：在炎热的夏季，准妈妈出汗较多，会损失较多体液，此时饮用绿豆汤可以止渴利尿、清暑益气，还能及时补充矿物质。准妈妈经常食用绿豆，可帮助排出体内的毒素。

●增强体质：绿豆中的蛋白质、磷脂均有兴奋神经、增进食欲的功能；绿豆中的钙、磷等矿物质有增强体力、补充营养的功效。

●利尿消肿：绿豆含有丰富的膳食纤维、钾、维生素 E，可退除燥热、降低血压、缓解疲劳、利尿消肿。

🍼 最佳食用方法 ♥

●绿豆宜与大米、排骨、海带、水果等搭配。夏季煮成绿豆汤，或制成绿豆芽食用。

●绿豆与薏米同食，有清热解毒、利咽之功效，适用于肺炎高热或热退后咳嗽胸痛、痰黄口干者。

●绿豆与南瓜熬粥食用，补中益气，降低血糖，有清热解毒、生津止渴的作用。

今日提醒

虽然绿豆的好处很多，但是绿豆毕竟是凉性食物，脾胃虚弱的孕妇不宜多吃。

怀孕 163 天

黄瓜能改善准妈妈的胃口

黄瓜不仅含有丰富的细纤维素，还能预防准妈妈过度增重。能在满足准妈妈的嘴巴的同时，帮助准妈妈控制饮食。

黄瓜是准妈妈夏天的好食物 ♥

●营养又好吃：口感上，黄瓜肉质脆嫩、汁多味甘、芳香可口；营养上，它含有蛋白质、脂肪、糖类，多种维生素、纤维素以及钙、磷、铁、钾、钠、镁等。

●促进新陈代谢：黄瓜中含有的细纤维素，可以降低血液中胆固醇、甘油三酯的含量，促进肠道蠕动，加速废物排泄，改善人体新陈代谢。

●安神定志：黄瓜含有维生素 B_1，对改善大脑和神经系统功能有利，能安神定志。

●控制体重：鲜黄瓜含有抑制糖转化为脂肪的丙氨酸、乙酸等成分，故对防止孕期增重过多有益。

最佳食用方法 ♥

●不要把"黄瓜头儿"全部丢掉。苦味素可刺激消化液的分泌，产生大量消化酶，使人胃口大开。

●黄瓜搭配豆腐，解毒消炎、润燥平胃。

怀孕 **164** 天

维生素D，骨骼生长的促进剂

维生素D是维持生命必需的营养素，它是钙磷代谢最重要的调节因子之一，能维持钙的正常水平。准妈妈可以通过饮食及晒太阳的方式获取它。

 维生素D让胎宝宝的骨骼更强壮 ♥

维生素D被称为阳光维生素，是脂溶性维生素，普通人通过阳光照射皮肤产生的维生素D便可满足需求。维生素D、磷、钙是人体骨骼及牙齿发育的必需元素，三者共同作用，可预防骨质疏松和佝偻病的发生。

 维生素D缺乏的危害 ♥

孕期如果缺乏维生素D，可导致准妈妈骨质软化，初期表现为腰背部、下肢不定期疼痛，严重时可出现骨盆畸形，影响准妈妈的自然分娩，也可造成胎儿及新生儿的骨骼钙化障碍以及牙齿发育缺陷。

维生素D的食物来源 ♥

维生素D主要存在于海鱼、动物肝脏、蛋黄和瘦肉中。另外像牛奶、鱼肝油、乳酪、坚果和海产品、添加维生素D的营养强化食品等，也含有丰富的维生素D。维生素D的来源与其他营养素略有不同，除了食物外，还可来自自身的合成，但这需要多晒太阳，接受紫外线照射。

准妈妈维生素D的摄入量，孕前与孕早期为每日5微克，孕中期和孕晚期为10微克，哺乳期略有减少。

 **专家答疑**

Q 准妈妈只能从食物中获取维生素D吗？

A 准妈妈可以从两种渠道获得维生素D，一是晒太阳，一是饮食。在冬天太阳日照不足的地区，就需要依靠饮食来补充维生素D了。

怀孕 *165* 天

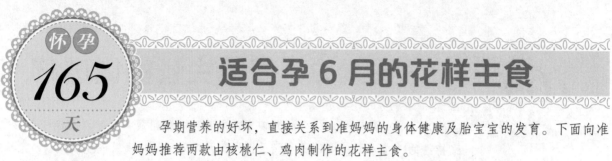

适合孕 6 月的花样主食

孕期营养的好坏，直接关系到准妈妈的身体健康及胎宝宝的发育。下面向准妈妈推荐两款由核桃仁、鸡肉制作的花样主食。

核桃仁饼

原料

核桃仁 20 克，面粉 200 克，香油 30 毫升。

做法

① 将核桃仁研成极细粉与面粉充分拌匀，加沸水 100 毫升和成面团，揉好后冷却；把面团擀成长方形薄皮子，涂上香油，卷成圆筒形，用刀切成重约 30 克的小段；把每一段擀成圆饼。

② 放在平底锅上烙熟即可。

功效

核桃仁饼温肾补脑、润肠通便。对气血不足、腰膝酸软、大便秘结的准妈妈很有帮助。

鸡肉炒饭

原料

米饭 250 克，鸡肉、豌豆、香菇、冬笋各 50 克，鸡蛋 2 个，熟猪油、盐、酱油、葱末、水淀粉各适量。

做法

① 将香菇用水泡发好，洗净后切成丁；冬笋、鸡肉洗，均切丁；鸡肉丁以蛋清和水淀粉拌匀。

② 锅内放熟猪油烧热，下鸡丁，翻炒出锅。

③ 锅内放入葱末，炒出香味，下冬笋、香菇、豌豆，炒几分钟后放入盐，倒入米饭，再倒入炒好的鸡丁和酱油炒匀即可。

功效

鸡肉炒饭含丰富的蛋白质、脂肪、糖类及钙、铁、锌等矿物质和多种维生素，非常适合准妈妈食用。

怀孕 166 天

适合孕6月的滋养汤粥

准妈妈能量消耗较大，需要摄取的营养也比较多。在此，为准妈妈推荐两款由牛肉、菠菜制作的滋养汤粥。

枸杞牛肉山药汤

原料

山药 200 克，枸杞子 20 克，牛肉 500 克，盐适量。

做法

① 将牛肉洗净，余水后捞起，放凉后切成薄片；山药削皮，洗净，切块。

② 将牛肉片放入炖锅中，加适量水，大火煮沸后转小火慢炖 1 小时左右。

③ 加入山药块、枸杞子续煮 10 分钟，加盐调味即可。

功效

此汤有健脾益肾、补气养血和强筋健骨等功效，实为准妈妈调养身体的佳肴。

菠菜瘦肉粥

原料

大米、菠菜各 100 克，猪里脊肉 50 克，葱丝、姜丝、盐各适量。

做法

① 菠菜洗净，切末；猪里脊肉切成小丁，放入烧热的油锅里煸炒，盛起备用。

② 粳米洗净，小火煮软，放入猪里脊肉丁煮熟，然后放葱丝、姜丝、盐调味，再放入菠菜末煮熟即可。

功效

这道粥对准妈妈有补血健脾、清热开胃的功效。

怀孕 **167** 天

适合孕6月的美味家常菜

准妈妈应注意，食物烹调需清淡，避开过分油腻和刺激性强的饮食。下面推荐两款以鸡肉、花生为原料的美味家常菜。

银耳朵鸡片

原料

水发银耳30克，鸡胸脯肉120克，鸡蛋2个，鸡汤1000毫升，料酒、葱花、淀粉、盐、味精各适量。

做法

① 将水发银耳洗净，撕成小块；鸡胸脯肉洗净，切成柳叶形薄片；鸡蛋分离出蛋黄不用，把蛋清放鸡肉中上浆。

② 将鸡汤入锅烧沸，加入料酒，调好味后下银耳，煮沸10分钟；把鸡片逐片下锅，待煮沸后加水淀粉勾芡，加适量盐、味精和葱花调味即可。

功效

此品益精补髓、补虚滋阴，可缓解孕期虚弱疲乏等症。

醋浸花生米

原料

花生米100克，生菜、香干、醋、白糖、香油、酱油、小葱各适量。

做法

① 花生米入油锅炸熟；生菜洗净，切丝；香干切丁；小葱切末；取一器皿放入醋、白糖、香油、酱油、小葱搅匀调汁。

② 取一个碗，将生菜丝、香干丁垫底，放上炸好的花生米，再倒入调好的汁拌均匀即可食用。

功效

醋浸花生米可以降低血压、软化血管，对准妈妈的心脑血管有较好的保护作用。

168
天

适合孕6月的健康饮品

准妈妈的膳食应注意多样化。下面用最常见的莴笋、苹果、大米、小米，为准妈妈制作两款既营养又健康的饮品。

莴笋苹果汁

原料

苹果100克，莴笋150克，蜂蜜、柠檬汁、冰水各适量。

做法

① 将莴笋洗干净，去皮切成块；苹果削皮去核，切块。

② 苹果、莴笋、冰水一起放入榨汁机中榨成鲜汁，再加入蜂蜜、柠檬汁，搅匀即可。

功效

此饮品有利于消除孕期紧张，有助睡眠，还能养心益气、养血补血，促进胎儿骨骼的生长发育。

大米小米豆浆

原料

黄豆50克，大米、小米各20克。

做法

① 黄豆浸泡10～12小时，洗净；大米淘净，浸泡2小时；小米洗净。

② 将所有原料放入豆浆机中，加水到机体水位线间，接通电源，按下"五谷豆浆"启动键，20分钟左右豆浆即可做好。

功效

大米小米豆浆具有健脾养胃、补虚润燥、补中益气的功效，是准妈妈非常理想的补益饮品。

孕6月  每日三餐营养配餐方案

组序	早餐	中餐	晚餐
配餐方案 1	鱼肉馄饨 辣椒榨菜丝 白水煮鸡蛋	糖醋排骨 干锅土豆片 清汤慈笋 米饭	荷包鲫鱼 清炒嫩豆芽 营养牛骨汤 米饭
配餐方案 2	菠菜瘦肉粥 小窝头 豆浆	银耳汆鸡片 鸡蛋豆腐 枸杞牛肉山药汤 馒头	鱼香肝片 土豆片炒莴笋 大排蘑菇汤 花卷
配餐方案 3	芹菜粥 黄金馒头 牛奶	肉末蒸蛋 口蘑烧白菜 腰花木耳汤 米饭	烧牛蹄筋 清炒丝瓜 鸡蛋黄花汤 米饭
配餐方案 4	水煎包 紫菜蛋花汤 煎蛋	元宝肉 南瓜烧板栗 番茄肉末汤 鸡肉炒饭	锅巴肉片 干锅包菜 莲藕猪骨汤 煎饼
配餐方案 5	海蜇糯米粥 凉拌海带丝 白水煮鸡蛋	菠萝鸡肾 麻婆豆腐 羊肉墨鱼汤 米饭	宫保鸡丁 百合烧口蘑 黑木耳瘦肉汤 米饭

组 序	早 餐	中 餐	晚 餐
配餐方案 6	鲜肉小笼包 豆浆 虾仁小馄饨	豆腐拌西芹 柠檬鲑鱼 冰糖炖海参 花卷	菠萝鸡 豌豆炒玉米粒 冬瓜鲩鱼汤 馒头
配餐方案 7	山药蛋黄粥 素三丁 白水煮蛋	白瓜松子肉丁 柿椒炒玉米粒 海带菠菜汤 米饭	蛋皮炒菠菜 姜丝牛肉 淮山瘦肉煲乳鸽 米饭
配餐方案 8	乌冬面 核桃仁饼 凉拌海蜇丝	里脊肉炒芦笋 醋浸花生米 山药莲子汤 小窝头	绿茶鲫鱼 鸡蛋炒韭菜 银耳玉竹汤 小窝头
配餐方案 9	虾仁韭菜面 白水煮鸡蛋 牛奶	童子鸡 清炒苦瓜 咸萝卜炖鲍鱼 米饭	枸杞烧鲫鱼 素烩三菇 银耳肉丝汤 米饭
配餐方案 10	全麦面包片 煎蛋 豆浆	木瓜烧带鱼 清炒芹菜丝 木耳豆腐汤 玉米馒头	丝瓜炒豆腐 辣椒回锅肉 鲫鱼豆腐汤 米饭

Part 07

孕7月
重点补充益智食品

　　孕7月，准妈妈能明显地感受到胎宝宝的存在，而腹中的胎宝宝也时刻传递给准妈妈甜的爱意。此时此刻，准妈妈的身体越来越笨重，要时时刻刻注意饮食起居，保护胎宝宝的健康和安全。

全面调养的孕 7 月

进入孕 7 月，就说明孕中期很快就要过去了。度过这个月，准妈妈就进入了孕晚期。现在，准妈妈要继续进行全面调养，为将来的分娩做准备。

胎宝宝：内脏功能逐渐完善

孕 7 月的胎宝宝身长达 35 ～ 38 厘米，体重 1000 ～ 1200 克，头围 26 厘米，头与躯干比例接近新生儿；头发长出 5 毫米左右，全身覆盖胎毛，皮肤略呈粉红色，皮下有少量脂肪，皮肤皱褶多，貌似小老头：眼睑已能睁开；骨骼肌肉更发达，内脏功能逐渐完善；从外生殖器来看，女胎的小阴唇、阴蒂已清楚地突起长出。此期大脑发育正在进行，神经系统已参与生理调节，有呼吸运动，但肺及支气管发育尚不成熟。

准妈妈：频繁遭遇身体不适

这个月的准妈妈，腹部隆起明显，子宫高度为 24 ～ 26 厘米。因子宫增大腹部前凸，身体重心前移，身体为保持平衡略向后仰，腰部易疲劳而疼痛。同时，因受激素的影响，髋关节松弛，有时会股部颤抖，步履艰难。由于胎盘的增大、胎宝宝的成长和羊水的增多，使孕妇的体重迅速增加，每周可增加 500 克；这个阶段，孕妇活动量一般都很少，胃肠蠕动缓慢，因此便秘现象增多，小腿抽筋、头晕、眼花症状在此阶段时有发生。由于子宫越来越大，压迫下半身的静脉，容易引起静脉曲张，而且腰痛、关节痛、足根扎痛、尿频、痔疮等症状会持续。

重点关注：减缓妊娠纹的蔓延

大多数的准妈妈进入孕中期后，会出现不同程度的妊娠纹。除腹部外，妊娠纹还可能延伸到胸部、大腿、背部及臀部等处。尤其是夏天，由于天气潮湿炎热，妊娠纹还会引发皮肤瘙痒、湿疹等问题。妊娠纹产生以后，会逐渐变为银白色条纹，很难完全消失。通常情况下，无需对妊娠纹进行专门的治疗。虽然要想完全消除妊娠纹是不可能的，但适当的预防可以在一定程度上淡化妊娠纹。建议准妈妈经常锻炼身体，并做一些适当的按摩，坚持温水沐浴，以增强皮肤的弹性，减缓妊娠纹的增长。

怀孕 171~172 天

孕7月营养饮食指导

到了孕7月，胎儿需要的营养素增多，准妈妈需要的营养也达到高峰。为此，应做到膳食多样化，扩大营养素来源，保证营养素和热量的供给。

清淡饮食 ♥

准妈妈在进入孕7月以后，不宜多吃动物性脂肪，日常饮食以清淡为佳，水肿明显者要控制盐的摄取量，限制在每日2～4克。

粗细搭配 ♥

准妈妈应把每天吃的精粉制品换成全麦制品，保证每天多摄取30克左右的膳食纤维，获取更多的铁和锌等矿物质，更好地满足自己和胎儿的营养需求。

多吃"睡眠"食物 ♥

为了保证准妈妈能有很好的睡眠，可以吃一些莲子、葵花籽、核桃、牛奶、燕麦片、全麦面包等利于睡眠的食物。

注意烹饪方法 ♥

制作孕妇食谱时，食物的种类固然重要，但在食物的烹饪方法上同样需要下功夫。因为相同的食材，由于烹饪方法的不同，其热量也不尽相同。准妈妈为了避免体重骤增，应尽量选择低热量的烹调方法。

不要吃速食食品 ♥

速食食品为了方便，利于保存，往往含有一定的化学物质。作为准妈妈临时充饥的食品尚可，但不可作为主食长期食用，以免造成营养素缺乏。

鱼肝油不要摄入过量 ♥

有些准妈妈把鱼肝油当成营养品，认为吃鱼肝油的时间越长，量越多越好。其实不然，鱼肝油用量大或长期服用反而不利于准妈妈和胎儿的健康。

怀孕 **173** 天

蔬菜中的良医

准妈妈在孕期中难免生病。如果病得不严重，准妈妈可以从蔬菜中寻找一些"药物"，来帮助自己恢复健康。

生姜：缓解伤风感冒 ♥

姜性温热，含挥发油脂、维生素A、维生素C、淀粉及大量纤维。有温暖、兴奋、发汗、止呕、解毒等作用，且可治伤风和感冒等。准妈妈在孕早期出现孕吐时，可适量食姜。

莲藕：去热解凉 ♥

莲藕性温凉，含B族维生素、维生素C、蛋白质及大量淀粉质，可以去热解凉。当准妈妈出现喉咙痛、便秘时食用，可以缓解症状，帮助润肠排便，并能预防鼻子及牙龈出血。

大蒜：具有杀菌作用 ♥

大蒜性温，含挥发性的蒜辣素和脂肪油，有杀菌作用，对缓解感冒、腹泻以及肉类食物中毒有很大的帮助。准妈妈适量食用，可以防止饮食不洁而引起的胃肠道不适。

菜心：保持孕期美丽 ♥

菜心性温，含维生素A、B族维生素、维生素C、矿物质、叶绿素及蛋白质。对油性皮肤，色素不平衡，暗疮及粗糙皮肤有益，是孕期准妈妈保持美丽的秘密武器。

茄子：利尿解毒 ♥

茄子性寒，含维生素B_1、维生素B_2、胡萝卜素、蛋白质、脂肪及铁、磷、钠、钙等矿物质。可利尿解毒，预防血管硬化及高血压，患有妊高征的准妈妈可适量食用，平稳度过孕期。

丝瓜：祛风化痰 ♥

丝瓜性温凉，含B族维生素、氨基酸、糖类、蛋白质和脂肪。对筋骨酸痛有一定作用，可祛风化痰、凉血解毒、利尿，对缓解准妈妈手脚水肿、腰腿疼痛都有一定作用。

怀孕 174 天

肾功能差的准妈妈的饮食调理

肾功能不全的准妈妈可能会有水肿、高血压等，如果控制不好，会对胎儿有影响，因此，更需要严格的饮食调理。

合理摄入蛋白质

人体内的代谢产物主要来源于饮食中的蛋白质，为了减轻肾的工作负担，准妈妈蛋白质的摄入量必须和肾脏的排泄能力相适应，以每天摄入总量不超过 30 克为好。因此，必须注意，不能一味增加蛋白质摄入以增加肾脏负担，也不能过度限制蛋白质摄入，以致准妈妈出现营养不良，体质下降。

适时补充身体所需能量

为了使摄入的蛋白质最大程度地得到利用，不让其转化为能量消耗掉，在采取低蛋白质饮食的同时，准妈妈还必须注意补充能量。每日每千克体重至少摄入 35 千卡的热量，主要由糖供给，可吃水果、蔗糖制品、巧克力、果酱、蜂蜜等。

减少含磷食物的摄取

值得注意的是有一些食物虽符合前面的条件，如蛋黄、肉松、动物内脏、乳制品、骨髓等，

但它们的含磷量也比较高，不宜食用，因为磷的贮留可使准妈妈的肾脏功能进一步恶化。为减少食物中的含磷量，鱼、肉、土豆等食用时，都应先水煮弃汤后再进一步烹调。

怀孕 **175** 天

豌豆苗，可以预防便秘

豌豆苗的供食部位是嫩梢和嫩叶，其味清香、质柔嫩、滑润适口，色、香、味俱佳，营养价值高且绿色无公害，是孕期准妈妈的美肴之选。

豌豆苗让准妈妈更美丽 ♥

• 豌豆苗营养丰富，含有多种人体必需的钙质、B族维生素、维生素C和胡萝卜素，有利尿、止泻、消肿、止痛和助消化等作用。

• 豌豆苗能淡化黑色素，帮助准妈妈预防妊娠纹和妊娠斑，还可使肌肤清爽不油腻。

• 豌豆苗嫩叶中富含维生素C和能分解体内亚硝胺的酶，可以分解亚硝胺，具有抗癌防癌的作用。

• 豌豆苗含有较为丰富的膳食纤维，能促进大肠蠕动，保持大便通畅，起到清洁大肠、防止便秘的作用。

• 豌豆苗含有优质蛋白质，可以提高机体的抗病能力和康复能力，帮助准妈妈提升身体免疫力。

最佳食用方法 ♥

• 豌豆苗颜色嫩绿，具有豌豆的清香味，故最宜用于汤肴。

• 豆苗和猪肉同食，对预防糖尿病有较好的作用。

怀孕 176 天

适量吃"苦"，增进食欲

怀孕之后，准妈妈的饮食很重要，酸甜苦辣里面，苦味食物其实是对准妈妈的身体健康有帮助的，可以解热祛火、消除疲劳。

适量吃"苦"增食欲 ♥

苦味以其清新、爽口，能刺激舌头的味蕾，激活味觉神经，也能刺激唾液腺，增进唾液分泌；还能刺激胃液和胆汁的分泌，增进准妈妈的食欲、促进消化、增强体质、提高免疫力。此外，苦味食品可泄去心中烦热，具有清心作用，可使头脑清醒，缓解孕期烦躁情绪。

应常吃的苦味食品 ♥

常见的苦味食品有莴笋叶、莴笋、生菜、芹菜、茴香、香菜、苦瓜、萝卜叶、荸荠、杏仁、黑枣、薄荷叶、荞麦、莜麦、菊花茶、金银花等。莲子心也具有很好的清热解毒功效，用沸水浸泡后饮用，是准妈妈夏季消暑佳品。

可以适量吃些苦瓜 ♥

苦瓜含有蛋白质、脂肪、淀粉、钙、铁、磷、胡萝卜素、核黄素等多种营养成分，其中维生素C的含量比一般瓜菜高2倍以上。苦瓜有刺激唾液及胃液分泌、促进胃肠蠕动的作用，对改善准妈妈的消化吸收、增进食欲等都很有好处。

专家答疑

Q 苦味食物是不是都适合准妈妈？

A 不是的。苦味食物，有些适合准妈妈食用，有些不适合。准妈妈吃苦味食物的时候，不能仅凭"苦不苦"来判断，应多多了解此食物的营养成分。

怀孕 **177** 天

虾，补钙又益智

虾可分成淡水虾和海水虾，肉质鲜美肥嫩，是一种高蛋白、高铁、高钙、富硒的食品，肉质肥嫩鲜美，作为孕期营养品一直备受喜爱。

🍼 虾是补钙能手 ❤

• 提供优质蛋白质：虾肉中含有丰富的蛋白质，是鱼、蛋、奶的几倍至几十倍，准妈妈经常食用虾，对胎儿的发育有利。

• 补钙健脑：虾含有很高的钙，对于需要钙来供给骨骼、牙齿发育的胎儿，和维持身体功能的准妈妈来说，是补钙佳品。海虾还含 $\omega-3$ 不饱和脂肪酸，对胎儿大脑发育尤为有益。

• 补碘补锌：虾肉含有丰富的碘，可预防流产、早产和先天性畸形。虾肉还含有丰富的锌，锌是一种十分重要的元素，能促进胎儿脑组织的发育。缺锌会使胎儿的智力受到直接的影响。

🍼 最佳食用方法 ❤

• 虾最适合用蒸、煮、煎、烧、炸等方法制成菜肴。盐水白灼比较能够保持虾的原始风味和营养。椒盐、油炸、红焖可以让虾的滋味更为鲜美，有胶质感。

• 准妈妈在做虾的时候应去掉虾背上的虾线，那是虾未排泄完的废物，吃到嘴里有泥腥味，会影响食欲。

今日提醒

如果准妈妈吃虾后全身发痒、出荨麻疹或心慌、气喘，或腹痛、腹泻，应考虑食物过敏，立即停止食用，并去医院就诊。

怀孕 **178** 天

适当喝点蜂蜜水

蜂蜜可促进消化吸收，增进食欲，镇静安眠，提高机体抵抗力，对胎宝宝的生长发育有着积极作用。准妈妈适量摄入蜂蜜，可谓好处多多。

蜂蜜是准妈妈的养生佳品

● 准妈妈摄入适量的蜂蜜，不仅可以有效地预防妊娠高血压综合征、妊娠贫血、妊娠合并肝炎等，还能有效预防便秘及痔疮出血。

● 蜂蜜中的钾进入人体后可产生排钠的作用，可维持血中电解质平衡。对有胃肠道溃疡的准妈妈来说，蜂蜜是良好的营养品，能增强体质。

● 在所有的天然食品中，大脑神经元所需要的能量在蜂蜜中含量最高。蜂蜜中富含锌、镁等多种微量元素及多种维生素，能益脑增智、美发护肤。

巧妙选择孕期蜂蜜种类

洋槐蜜、荆条蜜和椴树蜜开花不需要结果，一般不会有人喷洒药物，所以农药残留问题风险相对小一点，而且这些植物又多生长的深山里，空气清鲜，安全无污染。在所有的蜂蜜中，洋槐蜜和荆条蜜去火的功效最好，所以，容易便秘的准妈妈可服用洋槐蜜和荆条蜜。

喝蜂蜜也讲究时机

一般来说应该是宜晚不宜早，就是睡觉前喝点蜂蜜水比起床后喝蜂蜜水好。如是初秋时节，中医有句话是：朝朝盐水，晚晚蜜汤"。

怀孕 179 天

准妈妈上火，让食物助清凉

　　酷热的夏天，准妈妈稍不留神就会上火。怎么办呢？以下食物可以帮准妈妈"清凉一夏"。

梨

　　"夏热"的起因是春天里的空气干燥、湿度低，如果准妈妈出现了上火的迹象，可能因为准妈妈新鲜水果和蔬菜摄入量还是不足哦！梨是众所周知的降火水果，多吃梨对扑灭准妈妈的"火气"有帮助。

苦瓜

　　"苦"味食物是"火"的天敌。苦味食物之所以苦是因为其中含有生物碱、尿素等苦味物质，研究发现，这些苦味物质有解热祛暑、消除疲劳的作用。最佳的苦味食物首推苦瓜。苦瓜不管是凉拌、炒还是煲汤，只要做熟且不失"青色"，就能达到去火清凉的目的。

绿豆

　　夏天的时候人出汗多，水液损失很大，体内的电解质平衡遭到破坏，应多喝一些绿豆汤。绿豆汤能够清暑益气、止渴利尿，不仅能补充水分，而且还能及时补充矿物质，有利于维持水盐电解质平衡。

大豆

　　大豆蕴含丰富的蛋白质，在滋阴去火的同时还能为准妈妈补充异黄酮、低聚糖、皂苷、磷脂、核酸等营养素。

牛奶

　　很多人认为夏季喝牛奶会加重"上火"，引起烦躁，其实，夏饮牛奶不仅不会"上火"，还能解热毒、去肝火。而且牛奶中含有多达70%左右的水分，能补充因大量出汗而损失的水分。

怀孕 180 天

冬瓜，利尿消肿好帮手

作为利尿消肿的良品，冬瓜一直以来都是准妈妈餐桌上必备的安全食材之一，能令准妈妈胃口大开，调节身体机能，缓解孕吐的不适。

冬瓜能帮准妈妈远离水肿的困扰

● 清热利尿：冬瓜与其他瓜菜不同的是，不含脂肪，含钠量极低，有利于排湿。因为排尿困难而造成水肿的患者应把冬瓜作为治疗的辅助食物，达到消肿而不伤正气的目的。

● 降压降糖：属高钾低钠型蔬菜，有护肾、降血糖、降血压的作用，对肾脏病、高血压、水肿、糖尿病患者大有益处。适合妊娠高血压综合征和妊娠糖尿病的准妈妈食用。

● 预防便秘：冬瓜几乎不含脂肪，膳食纤维含量很高，所含的粗纤维能刺激肠道蠕动，促进排泄。

最佳食用方法

● 冬瓜的吃法很多，可以炒、煮、炖汤、煨食，也可用来榨汁饮。

● 冬瓜与芦笋同食对孕期高血压、高脂血、糖尿病、肥胖等均有很好的食疗效果。

● 准妈妈在食用冬瓜的同时搭配豆腐，可促消化，还能起到减脂轻体的作用。

怀孕 **181** 天

核桃，胎宝宝的益智好帮手

核桃既可以生食、炒食，也可以榨油。因其卓著的健脑效果和丰富的营养价值，又被人们称为"益智果"。

核桃是孕期的补脑佳品 ♥

- 补虚强体：核桃含有容易为人体吸收的大量脂肪和蛋白质。500 克核桃仁相当于 2500 克鸡蛋或 4500 毫升牛奶的营养价值。

- 健脑防衰：富含丰富的蛋白质及人体必需的不饱和脂肪酸，有补脑、健脑的功效。

- 乌发养颜：富含多种维生素，可提高准妈妈皮肤的生理活性，使头发乌黑有光泽。

- 净化血液：能减少肠道对胆固醇的吸收，并可溶解胆固醇，排除血管壁内的污垢杂质，从而为准妈妈提供新鲜血液。

最佳食用方法 ♥

- 核桃可以补"先天之本"，大米、红枣可以补"后天之本"，把核桃仁和红枣、大米一起熬成核桃粥喝，保健效果最好。

- 核桃与韭菜可搭配成真正的药膳佳肴，可以有效减缓准妈妈疲劳乏力症状。

- 核桃与芹菜同食，有润肤美容、减少妊娠斑出现的功效。

- 核桃与桂圆肉、山楂同食，能缓解准妈妈孕期神经衰弱，起到补血养血的作用。

 专家答疑

Q 吃核桃，需要把核桃仁的皮剥掉吗？

A 有的人喜欢将核桃仁表面的褐色薄皮剥掉，这样会损失一部分营养，最好不要剥掉这层皮。

怀孕

182

天

果蔬汁，喝出美丽健康来

准妈妈喝果蔬汁是大有好处的，果蔬汁中含有大量的维生素、纤维素，可补充水分和养分，刺激肠胃蠕动，缩短有害物质在体内停留的时间。

现榨现喝 ♥

光线及温度会破坏鲜制果蔬汁中的维生素，使其营养价值变低。因此，做果蔬汁要选择新鲜时令蔬菜和水果，而且要现榨现喝。

品种多样化 ♥

准妈妈可尽量选择多种蔬果来榨汁，营养更丰富。值得注意的是，胡萝卜、南瓜、小黄瓜、哈密瓜等蔬果含有破坏维生素 C 的酶，如果与其他蔬果搭配，会破坏其他蔬果的维生素 C。这时，可以加入柠檬，来补充流失的维生素 C。

注意饮食卫生 ♥

蔬果要彻底清洗干净，以免残留的有害物质危害健康。带皮的水果只要清洗干净，可连皮一起榨汁。这是因为外皮也含营养成分，如苹果皮富含纤维素，有助于肠蠕动，促进排便；葡萄皮则富含多酚类物质，可抗氧化。

怀孕 **183** 天

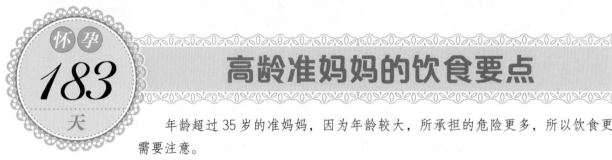

高龄准妈妈的饮食要点

年龄超过 35 岁的准妈妈，因为年龄较大，所承担的危险更多，所以饮食更需要注意。

保证膳食平衡 ♥

高龄准妈妈要注意，吃得好并不代表营养好，合理平衡的饮食极为重要。高龄准妈妈应食用高蛋白、低脂肪、性温和的食物。每日摄取的营养素中应该包括蛋白质、糖类和维生素。此外，还应该摄入一些脂肪酸，如鱼油、坚果等。

粗细合理搭配 ♥

高龄准妈妈的饮食需要粗细搭配，增加粗粮在膳食中的比例，少用精制米面。这是因为粗粮中含有丰富的膳食纤维和维生素，对胎儿的发育有好处。

摄入多种营养素 ♥

到了孕中期，高龄准妈妈要更加注重多种维生素、叶酸、铁、镁、钙元素以及膳食纤维的摄入，预防妊娠高血压综合征。

需要控制体重 ♥

高龄准妈妈在怀孕期间比年轻准妈妈容易发胖，更需要控制体重，以免腹中的胎儿长得太大，给分娩带来困难。

今日提醒

超重的准妈妈，建议到专业正规的营养门诊咨询、接受指导，有针对性的对肥胖准妈妈制订个性化的孕期营养方案，以控制体重。

百合，孕期滋补佳品

百合除含有蛋白质、脂肪、维生素C等多种营养素外，还含有一些特殊的营养成分，有良好的营养滋补功效。

百合是孕期除烦安神的佳品 ❤

● 百合入心经，性微寒，能清心除烦，宁心安神，对孕早期经常烦躁焦虑的准妈妈非常有益。

● 百合鲜品含黏液质，具有润燥清热作用，中医常用百合治疗肺燥或肺热咳嗽等症，准妈妈食用较安全。

● 百合洁白娇艳，鲜品富含黏液质及维生素，对皮肤细胞新陈代谢有益，常食百合，可以让准妈妈皮肤更好。

● 百合含多种生物碱，能升高白细胞，对化疗及放射性治疗后白细胞减少症有治疗作用。百合还能促进和增强单核细胞系统功能和吞噬功能，提高机体的体液免疫能力，因此百合对多种癌症均有一定的防治作用。

最佳食用方法 ❤

● 妈妈经常食用的百合是百合干，在选购百合干时要注意产地。全国唯有兰州产甜百合，兰

州百合可以食药兼用，而其他地方的百合因味苦，只能作为药用。

● 百合可以搭配其他食材熬汤或者煲粥食用，加入冰糖，不但口感好，而且滋润养身。

● 百合还可以与西芹、腰果等搭配炒菜食用，好吃开胃，是素菜中的珍品。

妊娠腹泻的饮食调理

准妈妈发生腹泻，会影响准妈妈对营养物质的吸收和身体的健康，除了找医生进行治疗外，还应进行调理饮食。

腹泻时的饮食原则 ♥

由于腹泻会使准妈妈身体脱水，因此要采取一些补水措施，并多吃温性食物，忌食寒凉性食物，宜吃碱性食物，少吃含膳食纤维的果蔬，进食应遵循少吃多餐、由少到多、由稀到浓的原则即可。

腹泻适宜的食物 ♥

● 发病初期：孕期腹泻要引起足够的重视，但不用过度紧张。应先去除病因，换流质易消化的饮食，如米汤、薄面汤、蛋白水、番茄汁、菜汤、果汁等。

● 症状缓解后：大米粥、藕粉、烂面条、面片、番茄汁、菜汤、果汁等。

● 腹泻基本停止后：面条、粥、馒头、烂米饭、瘦肉泥、浓番茄汁、浓菜汤、浓果汁等。

腹泻时的饮食禁忌 ♥

腹泻早期应禁用牛奶、蔗糖等易产气的流质

饮食。有些准妈妈乳糖不耐，服牛奶会加重腹泻。腹泻期间要忌食肥肉、坚硬及含膳食纤维较多的蔬菜、生冷瓜果、油脂多的点心及冷饮等。在腹泻基本停止后仍应适当限制含膳食纤维的蔬菜水果等，逐渐过渡到正常饮食。

馒头　　苹果汁　　肉泥

怀孕 **186** 天

猕猴桃，增强免疫力的好能手

猕猴桃是老少皆宜的水果，猕猴桃所含的纤维有三分之一是果胶，特别是皮和果肉接触的部分。果胶可降低胆固醇浓度，预防心血管疾病。

🍼 猕猴桃是准妈妈的水果佳选 ❤

• 猕猴桃中的叶酸含量高达 8%，是天然的"叶酸大户"。叶酸对细胞的分裂生长及核酸、氨基酸、蛋白质的合成起着重要的作用，是胎儿生长发育不可缺少的营养素。

• 猕猴桃中所含的维生素 C 可以促进胶原组织形成，维持胎宝宝骨骼和牙齿的正常发育。还可以使准妈妈在分娩时遇到危险的机会大大降低。

• 猕猴桃含有一定量的纤维素和果酸，可以起到促进消化、增加肠道蠕动、促进排便的作用。

• 猕猴桃中的血清促进素可稳定情绪、镇静心情，对准妈妈保持良好心情、预防产前抑郁症有一定的帮助。

• 猕猴桃鲜果及果汁可以降低准妈妈体内的胆固醇及甘油三酯水平，帮助准妈妈预防妊娠高血压。

🍼 最佳食用方法 ❤

• 猕猴桃最好吃当季的，反季水果多会在冷库保存，可能使用催熟药剂。

• 家里有搅拌机的话可以搅拌后吃。猕猴桃和苹果一起搅拌出来的果泥很有营养，两种水果的营养成分可以互补。

• 猕猴桃性寒凉，准妈妈要适量食用，否则容易出现腹痛、腹泻等不适，还可能引起胃肠疾病。

专家答疑

Q 猕猴桃全身长满了毛，怎样清洗最干净？

A 最好用自来水不断冲洗，流动的水可避免农药渗入果实中。洗猕猴桃时，千万注意不要把猕猴桃蒂摘掉，去蒂的猕猴桃若放在水中浸泡，残留的农药会随水进入果实内部。

红枣，天然的维生素丸

红枣营养丰富，被人们称为"天然维生素丸"。另外红枣属于补血食物，对准妈妈的身体健康和胎宝宝的发育均有益处。

红枣是准妈妈补血益气的佳品 ♥

- 补中益气：红枣可以和中益气、补益脾胃，多食红枣可以使肠胃功能得到显著改善。

- 养血安神：红枣富含钙和铁，能够舒肝解郁、养血安神，可以缓解准妈妈的精神不安、血虚、抑郁综合征等。

- 益智健脑：红枣富含微量元素锌、叶酸，能够参与红细胞的生成，促进胎儿神经系统的发育和智力的发展。

最佳食用方法 ♥

- 红枣不但能生吃，还可以煮、蒸，制成粥、甜羹和各类汤药及补膏。

- 红枣皮中含有丰富的营养，煮汤时应连皮一起煮。

- 准妈妈每日食用红枣不宜超过10颗，肠胃不好的准妈妈应减少食用量。

- 红枣的表皮坚硬，极难消化，吃时一定要充分咀嚼。

今日提醒

选购红枣时要注意：好的红枣皮色紫红，颗粒大而均匀，短壮圆整，皱纹少，痕迹浅；如果皱纹多，痕迹深，果肉凹瘪，则属于肉质差和未成熟的鲜枣制成的干品；如果红枣蒂端有穿孔或粘有咖啡色或深褐色粉末，说明已被虫蛀。

怀孕 **188** 天

白萝卜，经济营养"小人参"

白萝卜是孕期美食，生食熟食均可，略带辛辣味。白萝卜含芥子油、淀粉酶和粗纤维，具有促进消化，增强食欲，加快胃肠蠕动和止咳化痰的作用。

白萝卜是准妈妈感冒的食疗佳品 ♥

• 增加免疫力：白萝卜中富含的莱菔子素能够抑制多种细菌，经常吃白萝卜可以增强准妈妈的免疫力，预防感冒。

• 健全造血系统：白萝卜富含维生素 C，对胎儿细胞基质形成、结缔组织产生、心血管发育以及造血系统健全都有重要作用。此外，还可促进人体对铁的吸收。

• 健胃消食：白萝卜中的芥子油和膳食纤维都能促进肠胃蠕动，可帮助消化、润肠通便，是准妈妈的理想食品。

最佳食用方法 ♥

• 白萝卜可生食，炒食，做药膳，煮食，或煎汤、捣汁饮。适用于烧、拌、做汤，也可作配料和点缀。

• 对准妈妈来说，白萝卜最好的吃法就是拌凉菜或做沙拉，生吃时每次不能超过 200 克。或者用来烧萝卜汤、和牛羊肉一起炖或者炒萝卜丝，也可以做成饺子馅。

• 白萝卜主泻，胡萝卜为补，二者最好不要同食。若要一起吃，应加些醋来调和，以利于营养吸收。

怀孕 189 天

增加足够的胆碱

胆碱属于 B 族维生素，对胎宝宝的脑部发育非常重要。所以，准妈妈应多吃含胆碱的食物。

胆碱是胎宝宝大脑的营养源

●胆碱是乙酰胆碱的直接原料，而乙酰胆碱正是我们大脑中与记忆力相关联的神经递质。胆碱能为神经元的制造充当材料，为神经递质提供受点。

●胆碱具有良好的乳化性，能阻止胆固醇在血管内壁的沉积并清除部分沉积物，同时增强脂肪的吸收与利用，具有预防心血管疾病的作用。

●胆碱对脂肪有亲合力，可促进脂肪以磷脂形式由肝脏通过血液输送出去或改善脂肪酸本身在肝中的利用，防止脂肪在肝脏里异常积聚。如果没有胆碱，脂肪会聚积在肝中形成脂肪肝。

胆碱缺乏的危害

胆碱作为人体必需的一种营养成分，对生物的记忆力有一定影响。对于准妈妈来说，胆碱的摄入量会影响胎宝宝的大脑发育。从怀孕 25 周开始，主管记忆的海马体开始发育，并一直持续到孩子 4 岁。所以，如果在海马体发育初期，准妈妈如果胆碱缺乏，就可能导致胎宝宝的神经细胞凋亡，新生脑细胞减少，进而影响到大脑发育。

胆碱的食物来源

尽管人体可以合成胆碱，但由于女性在孕期、哺乳期对胆碱的需求量会增加，所以，准妈妈尤其应该多吃含胆碱的食物，进行额外补充，以利于胎宝宝和新生宝宝的脑部发育。可通过食用蛋黄、肝脏、苜蓿、糠麸、豆类、谷类及马铃薯等食物获得胆碱。

 专家答疑

Q 准妈妈每日胆碱摄入标准量是多少?

A 准妈妈每日胆碱摄入量500毫克左右，才能保证胎宝宝大脑细胞的正常发育。

怀孕 190 天

了解一下钙的"克星"

钙质是准妈妈们必不可少的营养素之一，孕期补钙非常重要，但是，准妈妈可能已经在不知不觉中吃下了一些补钙"克星"！

❧ 含草酸的食物 ♥

菠菜、竹笋、苋菜等含有草酸。草酸会与钙结合形成人体不易吸收的草酸钙，食用以上食物时，应先用开水焯一下，去掉涩味后再烹调。

❧ 含植酸的食物 ♥

植酸与钙结合会形成植酸钙，影响人体对钙的吸收。谷类食物植酸含量较高。而植酸分布也有规律性。小麦、大米中植酸84% ~ 88%分布于麸皮和米糠中，10%分布于胚芽；玉米中88%分布于胚芽，而胚乳中只占12%左右；谷类食物中胚乳（淀粉含量多的）部分几乎不含植酸。因此，准妈妈在选择粗杂粮时要注意总量不要太高，以免影响矿物质的吸收。

❧ 含磷酸的食物 ♥

碳酸饮料、咖啡、汉堡、比萨、炸薯条等食物所含的大量的磷会将钙"挤"出体外，不利于准妈妈补钙。

❧ 含盐量高的食物 ♥

盐中所含的钠会影响钙的吸收，因此，准妈妈的饮食还是以清淡为宜，并避免含盐量高的食物。

❧ 油腻的食物 ♥

油脂类食物会使钙的吸收率降低。准妈妈要避免吃过于油腻的东西。

失眠的饮食调理

孕期失眠是很多准妈妈的妊娠反应，随着孕期的增加，失眠情况越发严重。可进行相应的饮食调理。

睡前喝一杯牛奶

研究表明，牛奶能增加人体胰岛素的分泌，增加色氨酸进入脑细胞，促使人脑分泌助眠的血清素；同时牛奶中含有微量吗啡样物质，具有镇定安神作用，可促使人安稳入睡。因此，准妈妈在睡前饮用一杯温热的牛奶有利于睡眠。

睡前喝点小米粥

小米也具有安神催眠的作用，将小米熬成稍稠的粥，睡前半小时进食，有助于睡眠。

睡前吃一个苹果

临睡前吃一个苹果或在床头柜上放上一个剥开皮或切开的柑橘，让失眠者吸闻其芳香气味，可以镇静中枢神经，有效帮助入睡。

喝点莴笋浆液

神经衰弱的准妈妈，可用一汤匙的莴笋浆液，冲入一杯水中，调匀之后饮用，这种汁液具有镇静安神的功效，有一定的催眠效果。

早晚吃点核桃

核桃是一种滋养食物，可调理神经衰弱、健忘、失眠、多梦和饮食不振，可每日早晚各吃些核桃仁。

多吃水果蔬菜

准妈妈还要注意多摄取蔬菜和水果，这些食物富含膳食纤维和维生素 C，同时减少动物性蛋白质以及精制淀粉类食物、甜食的摄入。

 今日提醒

准妈妈在入睡前一定要调整心情，不要想着白天不愉快的事情，最好将卧室布置得温馨舒适，不要有过强的光线。

怀孕 **192** 天

梨，能滋阴润肺

梨，有清热利尿、润喉降压、清心润肺、镇咳祛痰、止渴生津的作用，可治疗妊娠水肿及妊娠高血压。它还具有镇静安神、养心保肝的作用。

梨是孕期的**营养保健**"药品"

● 营养丰富：梨含有丰富的维生素 A、维生素 B、维生素 C、维生素 D、维生素 E、纤维素及大量的水分和矿物质，能丰富整个孕期营养。

● 生津养肺：梨有生津、润燥、清热、化痰等功效，尤其是在气候干燥的秋季能帮助准妈妈缓解热病伤津烦渴、口渴失音、咽喉肿痛、消化不良等症状。

● 增强记忆：梨中含有一种叫做硼的物质，这种物质能提高记忆力、注意力和心智敏锐度，还可以预防女性骨质疏松症。

● 防治便秘：梨中含有木质素，木质素是一种不可溶纤维，但能在肠内溶解，形成胶质的薄膜，在肠内与胆固醇结合后被排出。

最佳食用方法

● 梨本身性寒凉，食之过多伤阳气，所以大便淡薄的准妈妈不宜食用。体质虚寒寒咳者不宜生吃，必须隔水蒸过或放汤煮熟后再吃。

● 吃梨时最好细嚼慢咽，才能更好地让肠胃吸收。

怀孕 **193** 天

适合孕7月的花样主食

为了准妈妈的营养的均衡，膳食应注意多样化。下面向准妈妈推荐两款由西葫芦、红薯制作的花样主食。

西葫芦饼

原料

西葫芦250克，面粉150克，鸡蛋2个，盐适量。

做法

① 鸡蛋打散，加盐调味；西葫芦洗净，切丝。

② 将西葫芦丝放进蛋液里，搅拌均匀，如果面糊稀了就加适量面粉，如果稠了就加一个鸡蛋。

③ 油锅烧热，将面糊放进去，煎至两面金黄即可。

功效

此品富含碳水化合物及蛋白质，还可清肝强肾，非常适合孕中期准妈妈食用。

红薯红枣米饭

原料

大米250克，红薯150克，红枣20颗。

做法

① 将大米淘洗干净；红薯去皮洗净，切成小丁；红枣洗净备用。

② 锅内加适量清水，放入大米、红枣、红薯丁，先用大火煮开，再用小火煮至饭熟即可。

功效

红薯红枣米饭具有补中益气、清热润燥、解毒强身的功效。

怀孕 **194** 天

适合孕7月的滋养汤粥

准妈妈能量消耗较大，需要摄取的营养也比较多。在此，为准妈妈推荐两款由泥鳅、鸡蛋制作的滋养汤粥。

泥鳅豆腐汤

原料

活泥鳅5条，豆腐1块，盐、鸡精各适量。

做法

① 将活泥鳅剖腹去肠洗净，切段；豆腐切成小块。

② 油烧热至八成热时，放入泥鳅段爆炒，然后加入适量水煮沸；加入豆腐，开锅后煮2分钟，加入盐、鸡精调味即成。

功效

此品益气养血、补虚益脏，解毒清火，对准妈妈和胎宝宝都有很好的滋补和保护作用。

鸡蛋鱼粥

原料

大米100克，小鱼50克，鸡蛋2个，高汤500毫升，葱花、香油、盐各适量。

做法

① 将鸡蛋磕入碗中，加适量清水、盐调匀，蒸熟备用。

② 将大米淘洗净，注入高汤煮粥，中途加入洗净的小鱼一起熬至鱼熟米烂；将蒸鸡蛋倒入粥中，放入葱花、香油即可。

功效

此粥健脑益智、滋阴补气，可为准妈妈食用补充优质蛋白质。

怀孕 **195** 天

适合孕 7 月的美味家常菜

为了保证准妈妈自身的健康和胎宝宝发育的需要。下面推荐两款以猪肉、卷心菜为原料的美味家常菜。

黄花菜炒肉丝

原料

黄花菜 50 克，猪肉 200 克，鸡蛋清 2 个，鲜汤、淀粉、盐、味精、胡椒粉各适量。

做法

① 将猪肉洗净，切丝，加盐、蛋清、淀粉拌匀；黄花菜洗净蒸熟；用鲜汤加胡椒粉、味精、盐兑成汁。

② 油锅烧热，放猪肉丝，搅散，再下黄花菜炒匀，烹入调味汁混匀，起锅即成。

功效

本菜滋阴清热、养血安神，适用于心肾阴虚型神经衰弱的准妈妈。

多味蔬菜丝

原料

卷心菜、黄瓜各250克，水发海带、胡萝卜、芹菜各50克，尖椒25克，料酒、盐各1小匙，鸡精、白糖各少许，香油适量。

做法

① 将芹菜、胡萝卜、海带、卷心菜、黄瓜、尖椒分别洗净，切成细丝。

② 将锅置于火上，加适量水烧开，将芹菜丝、胡萝卜丝、海带丝、卷心菜丝分别放入水中汆烫熟，捞出来沥干，放入一个比较大的盆中。

③ 加入黄瓜丝、尖椒丝，调入盐、鸡精、料酒、白糖、香油，拌匀即可。

功效

此品增进食欲、促进消化，有效缓解妊娠不适，清热去火。

怀孕 **196** 天

适合孕7月的健康饮品

饮品在补充水分的同时，又能补充各种营养。下面用最常见的猕猴桃、苦瓜，为准妈妈制作两款即营养又健康的饮品。

猕猴桃香蕉汁

原料

猕猴桃 2 个，香蕉 1 根，蜂蜜少许。

做法

① 将猕猴桃和香蕉去皮，切成块，分别放入榨汁机中，加入凉开水打成汁。

② 将其放入一个比较大的碗中，混合到一起。

③ 加入蜂蜜调匀即可。

功效

猕猴桃香蕉汁富含多种维生素和微量元素，营养丰富，可以帮助准妈妈预防便秘。

苦瓜山药奶

原料

苦瓜 100 克，山药 50 克，牛奶 200 毫升，蜂蜜 20 毫升。

做法

① 将苦瓜剖开，去瓤，洗净，切成片；山药去皮，洗净，切成小块。

② 将山药片与苦瓜块、牛奶一起放入家用果汁机中，榨成浆汁。

③ 将榨好的浆汁放入锅中煮沸，待温，再调入蜂蜜拌匀即可。

功效

此饮品固肾益精、补脾养胃，能提高免疫力，促进新陈代谢，对防治妊娠高血压、糖尿病有一定功效。

孕7月  每日三餐营养配餐方案

组序	早餐	中餐	晚餐
配餐方案 1	牛肉面 辣白菜 小窝头	甜椒南瓜 宫保牛腩 海米白菜汤 米饭	红烧冬瓜 菜花炒五花肉 清汤冬瓜 米饭
配餐方案 2	黄豆挂面 白水煮蛋 黄金馒头	土豆炖牛肉 酸菜粉条 豆腐菠菜汤 素面	黄花菜炒肉丝 土豆片炒黄瓜 肉片粉丝汤 蛋炒饭
配餐方案 3	三鲜饺子 酸辣萝卜丝 银丝花卷	橙皮小牛排 地三鲜 四鲜丸子汤 米饭	蒸鸡蛋肉卷 小白菜炒香干丝 菊花鱼丸汤 米饭
配餐方案 4	西葫芦饼 牛奶 煎蛋	糖醋咕噜肉 干煸包菜丝 筒骨海带汤 扬州炒饭	冬笋里脊丝 肉末烧白菜 香芋鸡块汤 米饭
配餐方案 5	千层饼 豆浆 茶叶蛋	辣子四丁 青椒炒豆腐 茄子肉丸汤 米饭	番茄豆腐炒肉片 软炸豆角 三鲜汤 馒头

组序	早餐	中餐	晚餐
配餐方案 6	山东煎饼 香椿摊鸡蛋 牛奶	青椒茄子 樟茶鸭 海米肉丸豆腐汤 红薯红枣米饭	素炒双丁 长豆角烧肉 奶汁海带汤 米饭
配餐方案 7	全麦面包 培根煎蛋 紫菜蛋花汤	多味蔬菜丝 肉末茄子煲 泥鳅豆腐汤 米饭	烧二冬 冬笋炒火腿 牛肉丸子汤 米饭
配餐方案 8	鲜肉小笼包 素三鲜馄饨 茶叶蛋	鸡蛋炒木耳 蒜苗炒肉 豆腐肉片汤 馒头	炝炒小白菜 胡萝卜烧五花肉 豌豆肉末汤 银丝花卷
配餐方案 9	紫米粥 白水煮蛋 馒头	花椰菜烧板栗 干煸回锅肉 冬瓜汆肉丸 米饭	黄瓜炒鸡蛋 红烧肉 虾仁豆腐白菜汤 米饭
配餐方案 10	鸡蛋鱼粥 银丝花卷 煎蛋	番茄炒鸡蛋 红烧牛肉 肉末粉丝汤 米饭	四季豆烧排骨 清炒白萝卜 紫菜蛋花汤 馒头

Part 08

孕8月
加餐更需多样化

　　孕8月的胎宝宝，已经有记忆了，能对准妈妈的心情感同身受。这是胎宝宝性格形成的重要时期。所以，准妈妈们在保证营养的同时，也要拥有的快乐心情，让进食变成一件无比快乐的事情，让胎宝宝一起感受美食的美妙吧！

怀孕

197~198 天

焦急且耐心等待的孕8月

从怀孕第29周开始，胎宝宝的眼睛已经完全睁开了，准妈妈也进入了孕晚期。虽然准妈妈非常希望快点与宝宝见面，但现在还需要耐心地等待。

👶 胎宝宝：发育接近成熟 ❤

孕29～32周为孕8月，这时胎宝宝的身长约为40～44厘米，体重约为1700克，头围在30厘米左右，羊水增加速度减缓，胎宝宝生长迅速。32周末时，胎宝宝已没有自由活动的余地，胎位相对稳定，身体蜷曲，因头重自然朝下，此为正常胎位。腹壁紧的初产妇此时胎头开始入骨盆。此时胎宝宝面部胎毛开始脱落，皮肤为深红色，胎脂较多，有皱褶；神经系统及肺、胃、肾等脏器的发育近于成熟；听力增强，对外界强烈的音响有反应；若此时出生，在精心护理下，新生儿可以存活。

🍼 准妈妈：子宫不断增大 ❤

这一期间，孕妇的宫底上升到胸与脐之间，宫底高度为26～32厘米，胎动强烈。子宫不断增大使腹壁绷紧，腹部出现浅红色或暗紫色的妊娠纹，有的乳房及大腿部也可以出现这种现象。

有的孕妇体内黑色素分泌增多，面部可出现妊娠斑，同时乳头周围、下腹部、外阴部皮肤颜色也逐渐发黑。

🍼 重点关注：预防早产最关键 ❤

所谓早产就是不足月就分娩，多数是在怀孕28～37周之间分娩。到目前为止，早产是造成新生儿死亡的重要原因之一。

为了预防早产，准妈妈要定期做产前检查，消除或减轻可能引发早产的因素。不要碰撞腹部，不要到人多的地方去，避免跌倒，不要拿重的或高处的东西；不要刺激腹部，养成良好的排便习惯，避免发生便秘和腹泻，以免刺激子宫收缩；夫妻生活要适度，要注意休息，避免精神紧张、烦躁和疲劳；积极治疗并发症，如心脏病、肾病、高血压等；预防并及时治疗并发症，如妊娠高血压、前置胎盘、羊水过多等；尽量避免长时间持续站立或下蹲的姿势，以免给子宫造成过大压力。一旦出现早产征象，如下腹痛、阴道出血等，应及时去医院。

孕8月营养饮食指导

准妈妈在孕晚期要注意补充营养，在供给胎儿生长发育的营养同时，还要注意为分娩储存能量。

保证粮谷类食物的供给 ❤

粮谷类食物的主要营养素是糖类、B族维生素、蛋白质、脂肪和矿物质。每天需要300 ~ 400克。

多吃蔬菜水果 ❤

蔬菜与水果类食物含有丰富的维生素和矿物质、膳食纤维等。主要功能是参与人体代谢，增强人体抵抗力。每天需要水果200 ~ 400克、蔬菜300 ~ 500克。

每天都要喝牛奶 ❤

奶或奶类食品含有丰富的钙、蛋白质等，能促进胎儿的骨骼和牙齿发育。每天约需要牛奶250 ~ 500毫升。

多吃鱼、肉、蛋及禽类食物 ❤

鱼、肉、蛋、禽类主要含优质蛋白质、脂肪、矿物质、维生素。主要功能是促进胎儿发育，构造体内各种组织，包括所有细胞、体液、肌肉等。每天需要量150 ~ 200克。

每天多喝水 ❤

水是一切营养素在体内发挥作用的载体，也是构成胎儿身体的重要成分。可助消化，帮助排泄，每天需要1200 ~ 1600毫升。

孕期内分泌失调的饮食调节

怀孕 **201** 天

准妈妈由于体内激素的变化，极有可能发生内分泌失调。准妈妈可以通过食疗的方式来改善身体内分泌失调的状况。

黄色食物健脾

黄色食物可以健脾、增强胃肠功能、恢复精力、补充元气，进而缓解女性激素分泌失调的症状。黄色食物可以促进消化，改善记忆力衰退的状况。

代表食物：如豆腐、南瓜、夏橘、柠檬、玉米、香蕉和鹌鹑蛋等。

黑色食物补肾

黑色食物可以提高与肾、膀胱和骨骼关系密切的新陈代谢和生殖系统功能，可调节人体生理功能，刺激内分泌系统，促进唾液分泌，促进胃肠消化与增强造血功能，对延缓衰老也有一定功效。

代表食物：黑芝麻、黑木耳、黑豆、香菇、黑米等。

绿色食物补肝

绿色食物含有对肝脏有益健康的叶绿素和多种维生素，能清理肠胃防止便秘，减少直肠癌的发病。另外，还能保持体内的酸碱平衡，在压力中强化体质。

代表食物：菠菜、绿紫苏、白菜、芹菜、生菜、韭菜、西蓝花等。

 专家答疑

Q 内分泌失调日常在生活上还要注意哪些问题？

A 保持愉快、乐观的情绪，保持平和的心态，要学会放松身心，减轻心理压力，克服焦虑、紧张等不良情绪，努力提高自我控制能力，避免惊、怒、恐等一切不良情绪。

怀孕
202
天

应对黄褐斑的美食

孕期，黄褐斑会悄然爬上准妈妈的脸庞，为了远离讨厌的"斑纹"，不妨多吃点下面提到的食物。

黄豆 ♥

黄豆中所富含的维生素 E，能够破坏自由基的化学活性，不仅能抑制皮肤衰老，更能防止色素沉着于皮肤。

牛奶 ♥

牛奶有改善皮肤细胞活性，延缓皮肤衰老，增强准妈妈皮肤张力，刺激皮肤新陈代谢、保持皮肤润泽细嫩的作用。

带谷皮类食物 ♥

随着体内过氧化物质逐渐增多，极易诱发黑色素沉淀。谷皮类食物中的维生素 E 能有效抑制过氧化脂质产生，从而起到干扰黑色素沉淀的作用。

各类新鲜蔬菜 ♥

各类新鲜蔬菜含有丰富的维生素 C，具有消褪色素、美白皮肤的作用。其代表有番茄、土

豆、圆白菜、花菜；瓜菜中的冬瓜、丝瓜。

柠檬 ♥

柠檬也是抗斑美容水果。柠檬中所含的枸橼酸能有效防止皮肤色素沉着。用柠檬制成的沐浴剂洗澡能使准妈妈的皮肤滋润光滑。

怀孕 **203** 天

不可小觑的维生素 K

维生素 K 能预防新生婴儿出血疾病，减轻因病造成的内出血、促进血液的正常凝固。准妈妈要注意补充维生素 K。

维生素 K 让准妈妈的血管**更健康** ♥

适当增加维生素 K 的摄入量，有利于骨骼与血管的健康。维生素 K 的最主要功能是凝血，同时也是骨骼和肾脏组织形成的必要物质，可降低新生儿出血性疾病的发病率，预防内出血及痔疮，减少出血。

缺乏维生素 K 的**危害** ♥

如果准妈妈缺乏维生素 K，可能导致孕期骨质疏松症或骨软化症，造成新生儿出血性疾病，如吐血，肠子、脐带及包皮部位出血，严重的可导致颅内出血而发生生命危险。

维生素 K 的**食物来源** ♥

富含维生素 K 的食物有：酸奶酪、海藻类、深绿蔬菜、圆白菜、甘蓝、莴笋、菠菜、豌豆、香菜、蛋黄、乳酪、鱼卵、鱼肝油、植物油等。

一般准妈妈和哺乳期的女性每日的摄入量为 100～140 微克。

今日提醒

单纯母乳喂养的宝宝，如果经常腹泻并应用广谱抗菌素时，应该适量注射维生素 K。因为长期服用广谱抗生素，可抑制肠道正常菌群生长，造成维生素 K 严重缺乏，导致婴儿凝血功能障碍。

怀孕 **204** 天

尽量做到饮食多样化

孕晚期准妈妈要根据自己的体重增加情况来调整食谱，为分娩储存必要的能量。这时候要尽量做到饮食多样化，扩大营养素的来源，保证营养和热量的供给。

争取每天摄取食物品种多样化 ❤

合理科学地搭配饮食，保持均衡的营养非常重要。不但要均匀摄取基础食品，而且应增加菜肴的种类，使准妈妈每天吃到 45 种以上的食品。

采取少食多餐的方式 ❤

孕晚期，由于胎儿的发育速度加快，需要储备一定量的营养素。因此，此时期的准妈妈不仅需要补充热量，还要注意优质蛋白质、铁、钙和维生素等营养素的补充，考虑到子宫的快速增长压迫胃部，食量减少，可采取"少食多餐"的饮食方式。

孕晚期饮食要多样化

孕晚期的三餐三点 ❤

到了孕晚期，准妈妈可以依然保持每天 5 ~ 6 餐。只不过，可以将原来的吃饭时间提前 1 小时，在早中晚三餐外的 10 点、15 点、20 点准备一些点心。适当吃一些有养胃作用、易于消化吸收的粥和汤菜。在做这些粥汤的时候，准妈妈可以根据自己的口味和具体情况添加配料，或配一些小菜、肉食一起吃。

全麦食品好处多

全麦食品包括麦片粥、全麦面包、全麦饼干等。如果准妈妈每天都能吃一些全麦食品，就可以保证每天摄取充足的膳食纤维与铁、锌等矿物质。

膳食纤维的天然食物来源

全麦是水溶性膳食纤维的天然食物来源，具有排泄钠离子的作用，能有效调节准妈妈的血压，预防妊娠高血压。小麦麸中的水溶性膳食纤维的黏度较高，会与其他食物混合成胶状，与糖类分子结合在一起可以减缓糖类的吸收速度，帮助保持血糖浓度的稳定，防止准妈妈的胰岛素机能紊乱，避免妊娠糖尿病。

有助于保持体重稳定

全麦食品中的高吸水性膳食纤维，能使食物膨胀，增加粪便的体积，促进准妈妈的胃肠蠕动，使大便正常。全麦食品中的膳食纤维可以减缓糖类中能量的释放速度，帮助准妈妈控制食欲，防止体重快速增长。

全麦食品的最佳搭配

全麦制品包括麦片粥、全麦饼干、全麦面包等。麦片可以使你保持较充沛的精力，还能降低体内胆固醇的水平。最好挑选天然的、没有任何糖类或其他添加成分的麦片。吃的时候可以按照自己的喜好加一些花生米、葡萄干或是蜂蜜。全麦饼干类的小零食也可以提供丰富的铁和锌。

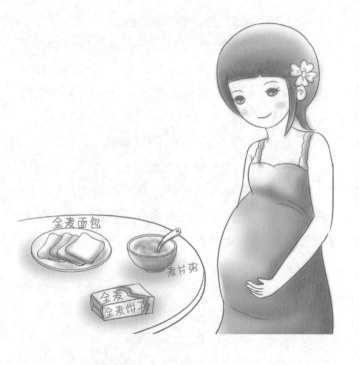

怀孕
206
天

孕期，准妈妈容易没胃口，偏爱吃酸甜食物。石榴吃起来酸甜可口，又含有丰富的营养物质，是不可多得的一种健康水果。

石榴是准妈妈防辐射高手

- 石榴中含有多酚（天然的抗氧化物质）——石榴酸和鞣花酸。它含有的多酚物质比葡萄、蓝莓以及绿茶都要多。一杯石榴汁含有的抗氧化物质比 10 杯绿茶所含的还多。在众多的水果中，石榴的抗氧化能力最强。

- 石榴的营养特别丰富，含有多种人体所需的营养成分，果实中含有维生素 C 及 B 族维生素，有机酸、糖类、蛋白质、脂肪，以及钙、磷、钾等矿物质。可见，孕妇适当吃些石榴可以补充身体所需的营养物质。

- 石榴中富含女性激素和多酚化合物，可以有效补充激素，而多酚具有抗衰老和保护神经系统，稳定情绪的作用，对准妈妈和胎宝宝十分有益。

- 石榴是能够中和大部分损害肌肤健康的自由基的超级抗氧化剂，能显著改善肌肤暗沉、枯黄、疲惫的状态，彻底为肌肤排毒，让肌肤恢复纯净。

最佳食用方法

- 石榴的果皮中含有苹果酸、鞣质、生物碱等成分，能有效地治疗腹泻、痢疾等症，对痢疾杆菌、大肠杆菌有较好的抑制作用。此外，果皮中还含有碱性物质，有驱虫的功效。

- 有胃炎以及泻痢的准妈妈最好别吃石榴。

- 石榴吃多了会上火，会令牙齿发黑，吃完后应该及时漱口。

- 石榴糖多并有收敛作用，感冒及急性炎症、大便秘结的准妈妈要慎食，有糖尿病的准妈妈不能吃石榴。

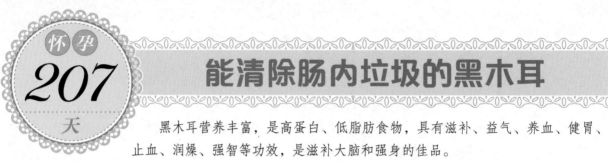

能清除肠内垃圾的黑木耳

黑木耳营养丰富，是高蛋白、低脂肪食物，具有滋补、益气、养血、健胃、止血、润燥、强智等功效，是滋补大脑和强身的佳品。

黑木耳是准妈妈孕期的补养佳品 ♥

●清除肠内垃圾：黑木耳中含有丰富的纤维素和一种特殊的植物胶质，这两种物质都能促进胃肠的蠕动，促进肠道内脂肪食物的排泄，对预防便秘及痔疮有较好的效果。

●防治贫血：黑木耳营养丰富，含蛋白质和维生素，含铁量很高。

●防止动脉粥样硬化和血栓：近年来的科学实验发现，黑木耳有阻止血液中胆固醇沉积和凝结的作用，可改变血液凝固状态，缓和动脉硬化，有效防止静脉栓的形成。

最佳食用方法 ♥

●黑木耳食用方法多种多样。可将黑木耳用水泡开，再加入冰糖用小火熬烂，做成冰糖黑木耳食用。黑木耳除了做甜食外，还常用来做菜烧汤。

●黑木耳与豆腐同食，可防治孕期高血压、高血脂、糖尿病、心血管病。还有益气、生津、润燥等作用。

●黑木耳与猪脑搭配可滋肾补脑，对孕期出现的头昏、记忆力减退等有一定的调理功效。

专家答疑

Q 为什么做菜总是用干木耳？

A 干木耳比鲜木耳更安全。因为鲜木耳含有一种特殊成分——"卟啉"。卟啉是一种光感物质，人食用鲜木耳后，经太阳的照射，易患植物日光性皮炎，可引起皮肤瘙痒，皮肤暴露部分出现红肿、痒痛。而干木耳是经曝晒处理的成品，在曝晒过程中会分解大部分卟啉，食用前又经水浸泡，剩余毒素会溶于水，使水发的干木耳无毒。

怀孕 **208** 天

多吃有利于睡眠的食物

如果准妈妈睡眠不好，将严重影响腹中宝宝的成长。下面就推荐一些有利于睡眠的食物，来帮助准妈妈睡得香。

🍼 牛奶 ❤

牛奶中含有色氨酸，这是一种人体必需的氨基酸。睡前喝一杯牛奶，可以起到安眠作用。

🍼 苹果 ❤

苹果中含有果糖、苹果酸以及浓郁的芳香味，可诱发人体生成血清素，有助于准妈妈进入梦乡。

🍼 莲子 ❤

莲子清香可口，具有补心益脾、养血安神等功效。莲子中含有的莲子碱、芳香苷等成分有镇静作用。食用后可促进胰腺分泌胰岛素，使人入睡。

葵花籽富含蛋白质、糖类、多种维生素和多种氨基酸及不饱和脂肪酸等，具有平肝、养血、降低血压和胆固醇、镇静安神、促进睡眠等功效。

🍼 葵花籽 ❤

睡前嗑一些葵花籽，可以促进消化液的分泌，有利于消食化滞、镇静安神、促进睡眠。

🍼 核桃 ❤

核桃是一种很好的滋补营养食物，能治疗神经衰弱、健忘、失眠、多梦。

怀孕 209 天 — 消除眼部不适的饮食

由于体内激素分泌发生很大的变化，准妈妈视力会发生改变，许多准妈妈会感觉眼部有些不适。为了消除眼部出现的不适，补充营养很重要。

🍼 不饱和脂肪酸 ♥

准妈妈体内的不饱和脂肪酸充足时，就能够保护眼睛，降低有害光线对眼睛的伤害。更为重要的是，不饱和脂肪酸还能够帮助促进胎儿的大脑与视力发育。因此，当准妈妈眼部不适时，可以通过进食一些鱼类，或深海鱼油来补充不饱和脂肪酸，以缓解眼部不适。

🍼 矿物质 ♥

一些矿物质如铜、铁、锌、锰、硒等，在准妈妈体内会辅助参与 SOD（超氧化歧化酶，一种体内蛋白酶）的抗氧化作用，能有效对抗自由基和保护视觉细胞。平时，准妈妈可从奶制品、蛋类、全谷类和蔬菜中获得这些矿物质。

🍼 花青素 ♥

花青素具有抗氧化的功效，能有效抑制自由基和某些酶的破坏，能缓解近视、远视、视网膜病变、夜盲症、青光眼等多种眼疾。准妈妈可以

通过山桑子、蓝莓、葡萄及其萃取物来摄取花青素。

🍼 维生素 ♥

人体的氧化作用产生自由基，自由基对眼睛也是有危害的，因此要补充有抗氧化功能的维生素，多吃胡萝卜、番茄、木瓜等蔬果。

怀孕 **210** 天

烹调中减少盐分的方法

孕期吃盐过多会造成身体水肿、血压高等，准妈妈必须特别注意盐的摄取量。

烹调时晚放盐 ♥

炒菜时晚放盐（碘盐），不仅可以减少盐中的碘的挥发，而且还能减少盐的用量。因为，如果早放盐，盐就会在烹调时深入食品内部，吃时会感觉咸度降低，所以同样数量的盐，不同时间入锅，盐的口感咸度是绝对不同的。

巧用调味品 ♥

食物的味道之间有着一种奇妙的相互关系，如少量的盐可以突出大量糖的甜味，而加一小勺糖却会减轻菜的咸味。所以，糖醋味的菜肴，可以尽量少放盐；咸咸甜甜的小酱菜能不吃就不吃，要知这样适口的味道是用过量的盐调制出来的。做菜时可滴几滴醋，为食物增味，促进消化，提高食欲，还能减少维生素的流失，可谓一举多得。

学会合理勾芡 ♥

勾芡是烹调中必不可少的一个手段，使用得当与否，会带来两种截然不同的结果。如果菜肴本身未加盐，仅靠芡汁中的盐分来调味，那么勾芡可能会减少菜肴的含盐量；但如果菜肴本身已含有盐分，芡汁又比较浓厚，那么勾芡反而会让人摄入更多的盐分。因此，学会合理勾芡，是减盐计划中的重要一环。

当心补充营养的误区

怀孕 **211** 天

孕期营养，既要满足胎儿的需求，更要随着母亲的生理变化酌情增减。而一些准妈妈常常会不经意地走进一些误区。

营养摄入不是越多越好 ♥

在孕期中加强营养是必须的，但营养摄入绝非多多益善。太多的营养摄入会加重内脏的负担，并存积过多的脂肪，导致肥胖和妊娠高血压的发生，还会造成分娩困难。

孕期补钙不是多多益善 ♥

大多数准妈妈孕期都补钙，并自主加服一些钙制剂。但如果超量补钙，会增加患肾结石和高钙血症、碱中毒的危险。应尽量从膳食中获取钙。缺钙的准妈妈应在医生的指导下服用钙剂。

"主食没营养尽量少吃"的说法不对 ♥

有些准妈妈认为主食没有蔬菜的营养丰富，因而多吃菜，少吃饭。其实，主食含有大量的糖类，其主要作用是提供能量、维持血糖。主食吃得过少，易发生低血糖。

"孕期要大量吃坚果"的说法不对 ♥

很多准妈妈每天吃很多坚果类食品，认为多吃坚果对宝宝的大脑、骨骼有好处，而忽略了坚果中含有大量的热量与脂肪，大量进食容

易造成妊娠期肥胖。在此提醒准妈妈们，坚果虽好，进食也要适度。

怀孕

212

天

健康吃鱼巧搭配

鱼肉的营养丰富，准妈妈可以适当地多食用一些，以利于胎儿神经系统的发育。在吃鱼时注意搭配，不但味道更鲜美，营养也会加倍。

清蒸鱼更营养 ♥

鱼的烹调以清蒸为佳，可以不放油，不但营养丰富，而且味道鲜美，是食欲欠佳的准妈妈的上等佳肴（对产妇还有很好的下奶功效）。

鱼配醋更健康 ♥

鱼鳞与鱼皮上有一种名为嗜盐菌的细菌，尽管烹调前要对鱼进行清洗，但未必能将这种细菌清洗掉，而嗜盐菌怕醋，只要放一点醋就能将其杀死。油炸前，在鱼块中加几滴醋腌3～5分钟，炸出来的鱼块香而味浓。同时，炖鱼时加醋可使蛋白质易于凝固，并软化骨刺，使鱼中所含的钙、磷等矿物质也更易被人体吸收。也可以放适量大蒜，与醋一起发挥杀菌作用，让鱼吃起来更加安全。

豆腐配鱼更补钙 ♥

鱼肉含有豆腐所缺乏的蛋氨酸和赖氨酸，而鱼肉中含量较少的苯丙氨酸，豆腐中含量又较多，两者合吃可以相互取长补短，相辅相成；同时豆腐中含有大量准妈妈极为需要的钙，而鱼肉又富含可以促进钙质吸收的维生素D，使钙的吸收率提高很多。此外，豆腐煮鱼别有风味，不荤不腻，可以改善准妈妈的胃口，促进食欲。

专家答疑

Q 是不是所有的鱼都适合准妈妈吃?

A 不是的。以下2种类型的鱼不适合准妈妈吃：被污染的鱼（非正规市场的部分海鱼）；被腌制过的鱼（如咸鱼、熏鱼等）。未受污染的深海鱼类最适合准妈妈吃的健康鱼类，如墨鱼、鲑鱼、带鱼、石斑鱼等。

怀孕 **213** 天

冬天是进补的大好时节

　　冬季，天气寒冷，是人们进补的大好季节，准妈妈当然也不例外，可以选择以下食物。

葡萄干 ♥

　　葡萄干钙、磷、铁的含量相对高，并有多种维生素和氨基酸，是老年、女性及体弱贫血者的滋补佳品，可补气血、暖肾，对准妈妈有较好的滋补作用。

蜂蜜 ♥

　　蜂蜜可促进消化吸收，增进食欲，镇静安眠，提高机体抵抗力。蜂蜜几乎含有蔬菜中的全部营养成分。冬季，准妈妈每天喝上 3 ～ 4 汤匙蜂蜜，既补充营养，又可保证大便通畅。此外，蜂蜜还是一种天然的美容佳品。

虾 ♥

　　虾含有很高的钙。怀孕期间适量吃虾或虾皮可以补充钙、锌等，尤其是钙可以促进胎宝宝的生长。此外，吃虾也可以促进胎宝宝脑部的发育。

牛、羊肉 ♥

　　准妈妈一周吃 3 ～ 4 次瘦牛肉，每次 60 ～ 100 克，可以预防缺铁性贫血，增强免疫力。在冬天多吃羊肉大有裨益，它具有增加热量、补虚抗寒、补养气血、温肾健脾、防病强身等作用。羊肉是产妇、老年人、体弱、怯寒者的冬令滋补佳品。

怀孕 **214** 天

春天养胎该怎么吃

春季气候多变，准妈妈饮食更应注意，要营养均衡，合理搭配。多吃蔬菜水果，做菜宜清淡，要适当增加蛋白质、钙、镁和 B 族维生素的摄入量。

注意补充水分 ♥

准妈妈早晨起来喝两杯水，一杯白开水，一杯淡盐开水，多喝水可有效预防"气象综合征"，保持身心愉快。

食用养阴润燥的食物 ♥

准妈妈食用如蜂蜜、香蕉、百合、冰糖、白萝卜等养阴润燥的食物，则能缓解"上火"症状。

多吃新鲜蔬菜 ♥

准妈妈每日要确保摄入 400 ~ 500 克新鲜蔬菜，及时补充各种维生素。

选择豆类及豆制品 ♥

准妈妈要确保每日 50 ~ 100 克的摄入量。因为豆类以及豆制品富含蛋白质，是胎宝宝发育必不可少的营养物质。

谷类不能少 ♥

谷类（米、面及杂粮）：每日 400 ~ 500 克。

鲜奶可以补钙 ♥

准妈妈要保证每日鲜奶的饮用量为 250 ~ 500 毫升。有腹胀等不适应者可改用酸奶，奶制品含钙丰富，可以有效预防缺钙。

虾皮，钙的仓库

虾皮营养价值高，富含蛋白质、钙、铁、磷等营养成分，可汤、可炒、可馅、可调味，准妈妈经常吃虾皮，对身体非常有益。

🎀 虾皮是准妈妈的补钙佳品 ❤

● 虾皮中蛋白质含量高，蛋白质是胎宝宝发育的基本原料，对胎宝宝的脑发育尤为重要，准妈妈缺乏蛋白质，胎宝宝就会发育迟缓，体重过轻，甚至影响智力。

● 虾皮的另一大特点是矿物质数量、种类丰富，除了含有陆生、淡水生物缺少的碘元素，铁、钙、磷的含量也较高。

● 每 100 克虾皮钙和磷的含量为 991 毫克和 582 毫克，所以，虾皮素有"钙库"之称。钙质对准妈妈特别重要。

🎀 最佳食用方法 ❤

● 虾皮的食用方法多种多样，取一小把虾皮，加点香油葱花，再放进些紫菜，用开水一冲，便成一碗色香味极佳的鲜汤。家常菜中的虾皮豆腐、虾皮韭菜、虾皮小葱、虾皮萝卜汤等均为美味佳肴，用虾皮来包馄饨，不但鲜上加鲜，营养价值更高。

● 容易上火的准妈妈，有皮肤疾病的准妈妈不宜吃虾皮。

今日提醒

辨别虾皮品质的优劣，可以用手紧握一把虾皮，松手后虾皮个体即散开，是干湿适度的优质品；松手不散，且碎末多或发黏的，则为次品或者变质品。

怀孕 **216** 天

孕期咳嗽的饮食调理

孕期咳嗽虽然对胎儿并无多大影响，但是会严重影响准妈妈的生活质量。准妈妈可以用一些民间饮食小偏方来调理一下。

冰糖炖梨 ♥

将新鲜的梨去皮，剖开去核，加入适量冰糖，放入锅中隔水蒸软即可食用。

川贝炖梨 ♥

用去皮、去核的新鲜梨加川贝粉10克，放在锅中隔水蒸软，趁热食用。

烘烤橘子 ♥

在橘子底部中心用筷子打一个洞，塞一些盐，用铝铂纸包好之后放入烤箱中烤 15 ~ 20 分钟，取出后将橘子皮剥掉趁热吃。或把橘皮晒干成陈皮，加水煎茶，大口大口喝下，颇具奇效。

糖煮金橘 ♥

将金橘洗净，用牙签戳两三个洞，加水淹没煮沸，加入冰糖，用小火熬烂，趁热食用。没喝完的放凉，存入冰箱保存，每次舀一些温热食用。

白萝卜饴 ♥

将白萝卜切成1厘米大的小丁，放入干燥、干净的容器中，加满蜂蜜，盖紧，浸渍3天左右会渗出水分与蜂蜜混合，放入冰箱保存；每次舀出少许加温开水饮用，止咳效果非常好。若临时要喝，没时间浸渍，可将白萝卜磨碎，加1/3量的蜂蜜拌匀，再加温水饮用。

怀孕 *217* 天

乌鸡，"黑了心的宝贝"

乌鸡营养丰富，准妈妈可以适量吃乌鸡，补益身体，但如果准妈妈本身比较爱上火，就需要控制摄入的量了。

🍼 乌鸡是准妈妈的滋补佳品 ❤

乌鸡内含丰富的蛋白质、B族维生素等18种氨基酸和18种微量元素，其中烟酸、维生素E、磷、铁、钾、钠的含量均高于普通鸡肉，胆固醇和脂肪含量却很低。乌鸡的血清总蛋白和球蛋白质含量均明显高于普通鸡。乌鸡肉中含铁元素也比普通鸡高很多，是营养价值极高的滋补品。食用乌鸡可以提高生理机能、延缓衰老、强筋健骨。对防治骨质疏松、佝偻病、孕期缺铁性贫血症等有明显功效。

🍼 最佳食用方法 ❤

• 乌鸡对准妈妈和胎宝宝很有益处，一般乌鸡都是炖汤，吃清炖乌鸡汤最有利于身体吸收营养。

• 乌鸡虽是补益佳品，但多食能生痰助火，生热动风，故体肥及邪气亢盛，邪毒未清和患严重皮肤疾病者宜少食或忌食，患严重外感疾患时也不宜食用。

• 乌鸡适合和山药、党参、枸杞等中药材搭配食用。其实，清炖乌鸡也是不错的选择。

怀孕 218 天

茼蒿，顺肠通便功效大

茼蒿的营养很丰富，尤其是胡萝卜素的含量超过一般蔬菜，因此，喜欢吃茼蒿的准妈妈不妨经常食用。

茼蒿是准妈妈清香开胃的好食物 ♥

- 茼蒿含有特殊香味的挥发油，能帮助孕早期的准妈妈宽中理气，消食开胃，增加食欲。
- 茼蒿所含有的食物纤维有助于肠道蠕动，促进排便。
- 茼蒿含丰富的维生素、胡萝卜素及多种氨基酸，性味甘平，可以养心安神，润肺补肝，帮助准妈妈稳定情绪，防止记忆力减退。
- 茼蒿含有多种氨基酸、脂肪、蛋白质及较高量的钠、钾等矿物盐，能调节体内水代谢，通利小便。

最佳食用方法 ♥

- 茼蒿的芳香精油遇热易挥发，烹调时应以旺火快炒。
- 氽汤或凉拌非常有利于胃肠功能不好的人。
- 与肉、蛋等荤菜共用可提高其维生素 A 的利用率。
- 血压高的人，有时会突然头晕目眩，这个时候喝茼蒿汁，可有效缓解症状。

专家答疑

Q 茼蒿除了做菜之外，还有哪些用途？

A 将茼蒿放在通风处晾干，装入布袋，放入热洗澡水中。茼蒿有提高体温的功效，能让人觉得身体从里到外变暖，对治疗神经痛、风湿痛、痔疮等十分有效。洗茼蒿浴也可以缓解肌肉酸痛和关节痛。

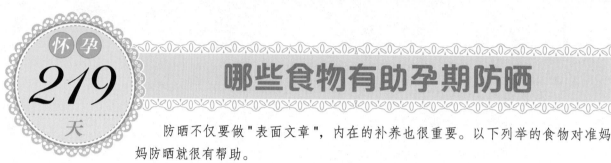

哪些食物有助孕期防晒

防晒不仅要做"表面文章"，内在的补养也很重要。以下列举的食物对准妈妈防晒就很有帮助。

番茄

是很好的防晒食物。番茄富含抗氧化剂番茄红素，每天摄入 16 毫克番茄红素，可将晒伤的危险系数下降 40%。番茄生吃比熟吃能获得更多的番茄红素，准妈妈每天可以生吃 1～2 个番茄。

柠檬

含丰富维生素 C 的柠檬能够促进新陈代谢、延缓衰老、美白淡斑、细致毛孔、软化角质层，令肌肤有光泽。研究表明，柠檬能降低皮肤癌的发病率，每周只要喝 1 勺左右的柠檬汁，就可以将皮肤癌的发病率降低 30%。所以，如果条件允许，准妈妈可以多吃一些柠檬或者喝一些柠檬汁。

坚果类

坚果中含有的不饱和脂肪酸对皮肤很有好处，能够从内而外地软化皮肤，防止皱纹，同时还有保湿功效，让肌肤看上去更年轻。坚果中含有的维生素 E，不仅能减少和防止皮肤中脂褐质的产生和沉积，还能预防痘痘。因此，爱长痘痘的准妈妈，不妨多吃一些坚果。

鱼类

科学研究发现，每周吃 2 次鱼可保护皮肤免受紫外线侵害。长期吃鱼，可以为人们提供一种类似于防晒霜的自然保护，使皮肤增白。鱼类还有利于促进胎儿的大脑发育。

 今日提醒

一些感光蔬菜，如白萝卜、芹菜、香菜等，容易使皮肤出现色素沉着，在阳光强烈的季节，准妈妈最好少吃这些蔬菜。

怀孕 **220** 天

心情烦燥的饮食调理

准妈妈因孕育的压力，情绪易产生波动，经常处于烦躁、不安中。面对不好的情绪，可以通过饮食来调节情绪。

多吃富含钙的食物 ♥

当膳食中钙含量充分时，人们的情绪就会比较稳定，缺钙则易情绪不稳、烦躁易怒。因此，建议准妈妈每天进食些豆浆或豆制品，补充钙质。

多吃富含铁的食物 ♥

体内缺铁时，易使人精神萎靡、困倦无力、注意力不集中、记忆力减退、情绪不稳定、急躁易怒。因此，可以适量食用一些牛肉、猪瘦肉、羊肉、鸡、鸭、鱼及海鲜等补充铁。

多吃富含 B 族维生素的食物 ♥

膳食中缺乏 B 族维生素，情绪易不稳、烦躁易怒。因此适当补充一定量的含 B 族维生素的食物有助于准妈妈的精神调节。可以选择全麦面包、麦片粥、玉米饼等，当然不要忘了苹果、草莓、菠菜、生菜、西蓝花、白菜及番茄等富含维生素的新鲜果蔬。

多吃富含锌的食物 ♥

缺锌也可影响人的性格行为，引起抑郁，情绪不稳，而锌在动物性食品中含量丰富，且易被吸收，应适当多食。

怀孕 221 天

适合孕8月的花样主食

为了准妈妈的合理膳食，以保证营养的均衡摄入。下面向准妈妈推荐两款由玉米、豆渣制作的花样主食。

玉米燕麦饼

原料

玉米粉100克，燕麦片50克，橄榄油少许。

做法

1. 将玉米粉和燕麦片混合在一起，加水适量揉搓成饼。
2. 在烤盘中刷上少量的橄榄油，将做成的饼坯放入烤盘。
3. 根据烤箱的功率，如常法烤制成饼即可食用。

功效

玉米粉和燕麦片都是很好的降血糖食物，有妊娠糖尿病准妈妈应多吃。

豆渣花卷

原料

豆渣150克，面粉200克，酵母5克，葱花、盐各适量。

做法

1. 将豆渣、面粉和酵母倒入盆中，用适量的温水和成表面光滑的面团，盖上湿布饧发至两倍大。
2. 将面团擀成薄面片，涂上一层植物油，撒上盐和葱花，卷成长条，切成10段，取两段叠放在一起，用一根筷子在面坯上用力一压，压出花朵的形状，制成花卷生坯，上屉蒸15分钟左右即可。

功效

此品有助于食物的消化，可增强食欲。

适合孕8月的滋养汤粥

为了保证准妈妈和胎宝宝发育的需要。在此，为准妈妈推荐两款由鲈鱼、山药制作的滋养汤粥。

丝瓜鲈鱼汤

原料

中等大小海鲈鱼1条，丝瓜2根，料酒、姜末、盐各适量。

做法

① 海鲈鱼收拾干净，加料酒腌渍15分钟；丝瓜刮去外皮，去蒂，洗净，切滚刀块。

② 油锅烧热，放入海鲈鱼两面煎至金黄色，加姜末和适量温水，倒入砂锅中；砂锅置火上，大火煮开后转小火煮至汤呈奶白色，下入丝瓜块煮10分钟，加盐调味即可。

功效

此汤具有补肝肾、益脾胃的功效，适用于孕期水肿、胎动不安者。

山药羊肉粥

原料

大米100克，山药150克，羊肉50克，葱末、姜末、盐、胡椒粉各适量。

做法

① 大米淘净，用冷水浸泡半小时；山药洗净，去皮，切丁；将羊肉洗净，放入开水内煮至五成熟捞出，切成小块。

② 锅内放水、大米，用大火煮开，然后改用小火熬煮，至粥将成时，加入羊肉块、山药丁、葱末、姜末、盐，煮沸片刻，撒上胡椒粉即可。

功效

山药羊肉粥有益中补气、健脾胃、补肺的作用。

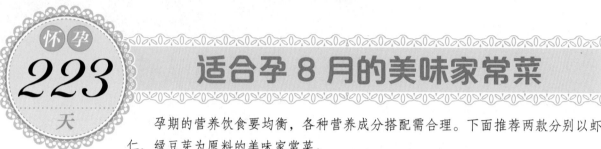

怀孕 223 天

适合孕8月的美味家常菜

孕期的营养饮食要均衡，各种营养成分搭配需合理。下面推荐两款分别以虾仁、绿豆芽为原料的美味家常菜。

韭菜炒虾仁

原料

韭菜200克，虾仁100克，黄豆芽50克，盐、味精各少许。

做法

① 韭菜择洗干净，切成长段；虾仁洗净，把多余的水分挤出去；黄豆芽洗净放入开水中烫熟盛起留用。

② 油锅烧热，把虾仁放入锅内炒一下，随后将韭菜段、黄豆芽、盐放入锅内，加少量水，翻炒几下，放入味精调味，出锅即可食用。

功效

此菜含钙量高，有利于产前产后补钙。

五彩银芽

原料

绿豆芽150克，青、红、黄柿子椒共60克，香菇30克，香油、盐、白糖各适量。

做法

① 将柿子椒和香菇洗净，切成丝；绿豆芽放入开水锅中焯至断生，捞出沥水晾凉。

② 油锅烧热，柿子椒和香菇丝下锅煸炒，加入盐、白糖炒匀，再加入绿豆芽拌匀，淋入香油即成。

功效

此品清热解毒、利尿消肿、促进消化。适用于患有妊娠高血压和糖尿病的准妈妈。

怀孕 **224** 天

适合孕8月的健康饮品

准妈妈要合理安排好每天的饮食，尽量将食物烹调得美味可口。下面用最常见的梨、猕猴桃、冬瓜、黄瓜，为准妈妈制作两款即营养又健康的饮品。

猕猴桃水梨汁

 原料

梨150克，猕猴桃100克，柠檬1/4个。

做法

① 梨洗净，去核，切小块；猕猴桃去皮，切小块。

② 将梨和猕猴桃块放入多功能豆浆机中，加凉白开水到机体水位线间，接通电源，按下"果蔬汁"启动键，搅打均匀后倒入杯中即可。

功效

此饮品有润肺清心、除烦降压的功效，可以缓解头晕目眩、便秘等症状，并有助于血压的稳定。

冬瓜黄瓜汁

原料

冬瓜、黄瓜各150克，柠檬汁、蜂蜜各少许。

做法

① 冬瓜洗净，去皮、瓤，切小块；黄瓜洗净，切小块。

② 将冬瓜块、黄瓜块放入多功能豆浆机中，加白开水到机体水位线间，接通电源，按下"果蔬汁"启动键，搅打均匀后倒入杯中，加蜂蜜、柠檬汁调匀即可。

功效

此饮品清热利水、促进人体新陈代谢，非常适宜孕期水肿者。

孕8月  每日三餐营养配餐方案

组 序	早餐	中餐	晚餐
配餐方案 1	黑芝麻葱花饼 煎蛋 草莓小酥塔	鸡蛋虾米炒黄瓜 双菇鸡翅 丝瓜鲈鱼汤 米饭	番茄烧豆腐 双椒护心肉 补气提神干果汤 米饭
配餐方案 2	薄荷鸡蛋饼 白水煮蛋 笋丝黄豆	大酱炒鸡蛋 芝士培根芦笋卷 苹果银耳红枣汤 素面	红烧沙丁鱼 温拌菠菜 薏米莲子鸡爪汤 蛋炒饭
配餐方案 3	椰香白玉糕 老醋菠菜 养肾黑八宝	油焖大虾 五彩银芽 味噌马铃薯汤 米饭	砂锅红烧鸡肉 香醋藕饼 番茄鸡蛋燕麦汤 米饭
配餐方案 4	紫薯椰蓉包 黄瓜汁 煎蛋	豆豉蒸鱼块 辣味莴笋 泰式咖喱花生汤 扬州炒饭	火腿炖肘子 素炒土豆丝 奶油栗蓉汤 米饭
配餐方案 5	山药羊肉粥 茶叶蛋 韭菜盒子	肉丝芹菜 青椒虫草炒豆干 骨菇汤 米饭	肉丝芹菜 青椒虫草炒豆干 骨菇汤 米饭

组 序	早 餐	中 餐	晚 餐
配餐方案 6	土豆泥紫菜卷 肉沫蒸蛋 茶叶蛋	铁棍山药炒木耳 山楂红烧肉 花菇炖鸡汤 干拌面	醋溜南瓜丝 葱香鱼腩 菠萝鸡片汤 米饭
配餐方案 7	香蕉南瓜饼 煎蛋 三鲜豆腐鸡蛋羹	韭菜炒虾仁 红萝卜炒卤猪肝 南瓜绿豆汤 米饭	可乐豆腐 寸金肉 俄式罗宋汤 米饭
配餐方案 8	烤面包布丁 芒果铜锣烧 牛奶	蒜末烧茄子 香菇核桃肉片 冬瓜玉米汤 馒头	葱丝拌豆干 浓汤咖喱牛腩 青苹果芦荟汤 银丝花卷
配餐方案 9	豆渣花卷 白水煮蛋 蒜香空心菜	红烧土豆片 橙香排骨 冰冻草莓汤 米饭	黄豆酱蒸鱼 西蓝花炒对虾 牛奶草莓西米露 米饭
配餐方案 10	玉米燕麦饼 金牛角面包 豆浆	蓑衣黄瓜 猪肉白菜炖粉条 松茸土鸡汤 米饭	地锅鸡 金牌豆腐 苹果瘦身汤 馒头

Part 09

孕9月
要注意淡味饮食

　　进入孕9月，准妈妈的身体负担越来越重。虽然身体承受很大压力，但准妈妈的辛苦不会白费，因为有个健康的胎宝宝在陪伴着她。这个阶段的准妈妈除了要合理膳食，为即将到来的产程做准备之外，还要注意控制体重，严防巨大儿的产生。

怀孕 225~226 天

显露曙光的孕9月

你也许会发现这第9个月可能是最漫长的一个月。先不要着急，坚持，再坚持一下，胜利的曙光就在前面，准妈妈和准爸爸一起努力吧。

🎗 胎宝宝：基本具备生存能力 ❤

孕33～36周末为孕9月，这时的胎宝宝身长在45～48厘米左右，头围约为34厘米，36周时体重可达2500克左右，皮下脂肪开始增多，皮肤皱褶变少，身体较以前丰润。这个时期胎宝宝的内脏器官发育基本成熟，具备了较强的呼吸和吸吮能力，在宫内可吞咽羊水，消化道分泌物及尿液排泄在羊水里。若此期离开母体，基本能存活。

🎗 准妈妈：负担越来越重 ❤

现在，准妈妈腹部的负担非常重，常常出现痉挛和疼痛，有时还会感到腹部抽搐，一阵阵紧缩。同时，你会发现脚、手水肿了，脚踝部更甚，特别是在温暖的季节或是傍晚，肿胀程度会有所加重。

由于胎宝宝增大，并且逐渐下降，多数准妈妈此时会觉得腹坠腰酸，骨盆后部附近的肌肉和韧带变得麻木，甚至有一种牵拉式的疼痛，使行动变得更为艰难。日益临近的分娩会使准妈妈忐忑不安，多与家人聊聊天可以缓解这种压力。

🎗 重点关注：重视孕晚期的检查 ❤

❤ 一般检查：了解病史；测血压、数脉搏、听心肺等；观察面容有无贫血表现；检查下肢有无水肿。

❤ 阴道检查：了解产道有无异常。

❤ 腹部检查：测量腹围、宫高，检查胎位、胎心、胎头是否入骨盆，估计胎宝宝大小。

❤ 骨盆测量：了解骨盆的大小，以准确估计能否自然分娩、是否需要剖腹产，以便医生及孕妇都能心中有数。

❤ 实验室检查：检查血、尿、便常规，肝、肾功能，做心电图以了解孕妇的心功能。

❤ 超声波检查：帮助了解胎位、胎宝宝发育是否正常。前置胎盘也需用超声波诊断。

怀孕
227~228
天

孕9月营养饮食指导

孕晚期由于胎儿增长、子宫压迫胃部，准妈妈的食量反而减少。因此，这个时期应选营养价值高的食物。

适量吃点海藻类食物 ♥

海带、紫菜等海藻类的食物中含的胶质能促使体内的放射性物质随大便排出，从而减少放射性物质在准妈妈体内积聚，降低疾病的发生率。

适量吃点菌类食物 ♥

菌菇类食物如黑木耳、银耳、蘑菇、香菇等，有排毒解毒、清胃涤肠，以及抗癌防癌的作用，准妈妈经常食用还可以有效清除体内污染物质。

适量补充 α-亚麻酸 ♥

α-亚麻酸是组成大脑细胞和视网膜细胞的重要物质，它能提高胎儿的智力和视力，降低胎儿神经管畸形和各种出生缺陷的发生率。由于准妈妈是胎儿营养的主要提供者，所以准妈妈要特别注意 α-亚麻酸的摄入，每日的摄入量应为1000 ~ 1300 毫克。

继续少吃多餐 ♥

随着胎儿不断长大，准妈妈的腹部以及全身负担也逐渐增加，再加之接近临产，经常会出现腹胀。准妈妈可以通过少食多餐、细嚼慢咽、避免进食产气食物来缓解腹胀。

通过饮食调节肠胃 ♥

准妈妈如果肠胃不好，就会影响营养的吸收，会间接地影响胎儿的生长发育。准妈妈可以通过进食苦瓜、土豆、酸奶等食物，来刺激胃液分泌，促进肠胃消化，以保护肠胃功能的正常。

今日提醒

如果准妈妈的孕晚期是在夏天，就可以选择一些水果膳食，比如蜂蜜水果粥、香蕉百合银耳汤、水果沙拉等。

怀孕 **229** 天

α - 亚麻酸，给宝宝明亮的双眸

α - 亚麻酸是组成大脑细胞和视网膜细胞的重要物质，它能提高胎儿的智力和视力，降低胎儿神经管畸形和各种出生缺陷的发生率。

α - 亚麻酸让胎宝宝变得更聪明

- α - 亚麻酸不仅对胎宝宝大脑发育有重要影响，而且对视网膜光感细胞的成熟有重要作用。

- α - 亚麻酸能优化胎宝宝大脑锥体细胞的磷脂的构成成分。尤其胎宝宝满 5 个月后，如人为地对胎宝宝的听觉、视觉、触觉进行刺激，胎宝宝大脑皮层感觉中枢的神经元会长出更多的数突，需要母体供给更多的 α - 亚麻酸。

- α - 亚麻酸能控制基因表达、优化遗传基因、转运细胞物质原料、控制养分进入细胞，影响胎宝宝脑细胞的生长发育。

α - 亚麻酸缺乏的危害

如果准妈妈体内缺乏 α - 亚麻酸，胎宝宝则可能会出现脑发育迟缓、智力受损、机体发育缓慢、视力不好、皮肤粗糙等症状。

α - 亚麻酸的食物来源

植物脂肪中含较多不饱和脂肪酸，含亚麻酸丰富的食物有葵花籽油、大豆油、玉米油、香油、花生油、茶油、菜籽油、葵花籽、核桃仁、松子仁、杏仁、桃仁等食物中亦含有较多的亚麻酸。

按照世界卫生组织的平衡标准，我国孕产妇应该每日摄入 1000 ~ 1300 毫克的 α - 亚麻酸。

怀孕 **230** 天

用饮食缓解孕期手脚冰凉

有些准妈妈在孕前就有手脚冰凉的现象，虽然孕期有所缓解，但还是会出现。准妈妈应注意从日常生活及饮食上来调节。

进食不宜过量 ♥

进食过量不仅会造成肥胖，还会引起体寒。如果进食过多，肠胃活动就会减慢，而血液的大半会在肠胃中滞留，导致手脚的寒冷，所以，进食是以八分饱为佳。

"阴性"食物要温热后食用 ♥

牛奶、豆腐、青菜等食物原属"阴性"，容易造成体寒，而经过温热加工后，就能转化为阳性，这类"阴性"食物最好加热后再食用。

多补充维生素 E ♥

维生素 E 可扩张末梢血管，对确保末梢血液循环畅通很有帮助，但须持续 3 个月才可见效。

多选用温热性食物 ♥

手脚冰冷的人应多选用温热性食物，让身体暖一暖，如坚果类的核桃仁、松子等；蔬菜类的韭菜、胡萝卜、甘蓝菜、菠菜等；水果类的杏、桃、木瓜等，其他如牛肉、羊肉、海鲜类、糯米、糙米、黄豆、豆腐、芝麻、红糖。

 专家答疑

Q 为什么说体凉的人要吃北方的水果?

A 产于南方的水果往往比北方的水果更"寒"，也更容易造成体寒。比如，香蕉与苹果相比，香蕉更容易令身体感到寒冷，所以，体寒者更适合吃北方水果。

怀孕 231 天

有针对性地增加营养

这个月胎儿已经相当成熟，准妈妈还应该继续加强营养，为分娩做准备。应根据自身的情况有针对性地调节营养，保证顺利分娩。

多吃动物和大豆蛋白 ♥

准妈妈在怀孕晚期，每天从饮食中摄取蛋白质的量应增加 25 克，并且尽量多摄入动物蛋白和大豆类食物，如畜禽肉、鱼肉、鸡蛋、牛奶及豆腐和豆浆。

适量摄取必需脂肪酸 ♥

孕晚期是胎儿大脑发育增长的高峰，而脂质是组成脑细胞和神经系统的重要物质。因此，需要摄入充足的必需脂肪酸。

摄取钙和维生素 D ♥

孕晚期钙摄入量应是 1200 毫克，应多吃富含钙的食物，如紫菜、虾皮、虾米、牛奶、海带、豆制品、鱼类等。同时，还需适量补充维生素 D，确保食物中的钙能在肠道得到更好的吸收。

适量吃些动物肝脏 ♥

孕晚期很容易发生缺铁性贫血，胎儿体内也需要储存铁。动物肝脏中富含铁、维生素 B_2、叶酸及维生素 B_1、维生素 A 等，是孕晚期理想的补铁食物。

今日提醒

有些准妈妈在孕晚期会再度发生食欲缺乏、呕吐的情况。可以在睡前吃些饼干、小点心，不要空着肚子上床。

怀孕 232 天

孕期不可缺钙

钙是人体不可或缺的重要的营养元素。准妈妈为了自身与胎儿的健康，应该根据身体的需要及时补充适量的钙。

钙是令母子骨骼强健的**重要元素**

• 钙可以被人体各个部分利用，它能够维持神经肌肉的正常张力，维持心脏跳动，并维持免疫系统机能。

• 钙能调节细胞和毛细血管的通透性；还能维持酸碱平衡，参与血液的凝固过程。

• 钙是人体骨骼以及牙齿的重要组成元素，是保证母体新陈代谢以及胎儿骨骼、牙齿形成与发育的重要元素。

钙缺乏的危害

如果准妈妈缺钙，将直接影响胎儿的身高、体重及头颅、脊椎及四肢的发育。若母体继续缺钙，孕期会腿抽筋、流产、难产、骨盆畸形，甚至出现严重的产科并发症，如：妊娠高血压、癫痫、蛋白尿、水肿等，严重危及胎儿和准妈妈的生命。

钙的食物来源

富含钙元素的食物包括牛奶及各类奶制品、花生、西蓝花、甘蓝类蔬菜、绿叶蔬菜、葵花籽、核桃等。鲜奶、酸奶及各种奶制品是补钙的最佳食品，既含有丰富的钙，又有较高的吸收率。虾米、小鱼、脆骨、虾皮、豆制品、芝麻酱和蛋黄也是钙的良好来源。

怀孕 233 天

多吃海产品有助于胎儿大脑发育

海洋鱼类和贝类含有丰富的不饱和脂肪酸，并含有钙、磷、铁等矿物质及多种维生素，是准妈妈与胎儿最佳的健脑食品。

海鱼 ♥

海水鱼常见的有带鱼、黄花鱼、鱿鱼、沙丁鱼、平鱼、鲅鱼、金枪鱼、三文鱼等。在海鱼的肝油和体油中含有一种陆地上的动植物所不具有的不饱和脂肪酸，其中含有被称为 DHA 的成分，对提高人的记忆力和思考力都十分重要，是大脑所必需的营养物质。

贝类 ♥

贝类种类很多，常见的有赤贝、蝶贝、田螺、海螺、蛤蜊、文蛤等。这些贝类含 B 族维生素和钙、磷、铁及其他微量元素，对胎儿大脑发育有非常重要的作用。牡蛎、墨鱼也是富含蛋白质、脂肪、矿物质的食物，对胎儿脑发育有利，准妈妈也可以适当进食。

海虾 ♥

海虾包括对虾、基围虾、琵琶虾、龙虾等。富含蛋白质、脂肪、多种维生素和烟酸、钙、磷、

铁等成分，都是上等的健脑益智、强身健体的食品。

海带 ♥

海带富含卵磷脂、碘等营养成分，有健脑的功效。海带等海藻类食物中的牛磺酸，更是大脑中不可缺少的营养物质。如果母体缺碘会导致胎儿甲状腺素合成不足，影响胎儿大脑发育。

怀孕
234
天

水，最不显眼的主力军

水占到人体总重量的 79% 左右，参与体内物质的运载和代谢，调节体内各组织间的功能，并有助于体温的调节。准妈妈的需水量比平时明显增加。

水是准妈妈不可忽视的**营养素** ♥

白开水有"内洗涤"的作用。早饭前 30 分钟喝 200 毫升 25 ～ 30℃的新鲜白开水，可以温润胃肠，促进消化液的分泌，刺激肠胃蠕动，有利于定时排便，防止痔疮、便秘。早晨空腹饮水，水分能很快被胃肠吸收进入血液，使血液稀释，血管扩张，从而加快血液循环，补充细胞夜间丢失的水分。

水缺乏的**危害** ♥

人体缺水，会口干和舌头轻微肿胀，随着血压下降和身体组织缺水，脱水者的肾脏会浓缩尿液甚至阻止尿液产生，使尿液颜色加深。长期缺水的准妈妈更容易患便秘或痔疮。当然饮水过多也不好，摄入水分过多，如无法及时排出，水分就容易潴留在体内，引起或加重妊娠水肿。

怎样补充水 ♥

白开水是准妈妈的最佳饮品，除此之外，准妈妈还可以选择淡茶水、矿泉水和淡蜂蜜水，不可过量饮用浓茶和咖啡等刺激性饮料。

一般来说，准妈妈每天喝 1000 ～ 1500 毫升水即可，不要超过 2000 毫升。除了饮用白开水之外，还包括一日三餐所吃的饭、菜、水果和所喝的汤、牛奶等其他液体。

怀孕 235 天

孕期不要随意食人参

很多老人认为，准妈妈不吃人参，胎宝宝就不那么健壮。实际上，如进补不当，人参对准妈妈和胎宝宝弊大于利。

人参富含必需微量元素

人参中有构成机体组织和维持生理功能所必需的微量元素，如硒、钼、钴、铁、锌等。其硒元素含量之高，在我国蔬菜、水果中异常少见。硒元素是一种强氧化剂，能维持机体正常的生理功能，激活人体细胞，保护心血管等脏器，还能刺激免疫球蛋白及抗体的产生，增强机体对疾病的抵抗力。

孕期食人参要慎重

人参是补元气之品，怀孕的女性如果吃多了，或是常常服用，反而会气盛阴耗、阴虚火旺，也就是说"气有余而阴不足"，"气有余"就变成火气。所以，准妈妈如果服多了人参，反而会使自己在怀孕初期呕吐更严重，甚至水肿，可能导致阴道出血或流产。

所以，想用人参补身的准妈妈，最好先咨询妇产医生，医生会依据你的身体状况，为你提供适合的进补方式。

怀孕后期禁用人参

怀孕后期，准妈妈的身体偏燥热，此时不宜使用人参，以避免水肿或血压、血糖升高，盲目进补人参可能引发"妊娠毒血症"或称"子痫前症"，因此强烈建议在怀孕后期停用人参进补。在临近分娩时，更不提倡服用人参，以免引起产后出血。其他人参制剂也应慎服。

怀孕 **236** 天

大豆，优质的植物肉

大豆的营养价值很高，所含的蛋白质高达40%，其生物价值几乎接近肉类，因此享有"豆中之王"、"植物肉"的美誉。

大豆是准妈妈的蛋白质美食 ❤

• 提供优质蛋白质：大豆蛋白质中的8种必需氨基酸的组成十分符合人体需要，是一种优质的植物蛋白食物。

• 有益于胎儿大脑发育：磷脂是构成生物膜的重要成分，而且具有健脑功效。尤其是构成卵磷脂的胆碱，是脑的重要营养物质。准妈妈多食用大豆及豆制品，可以补充蛋白质、脂类、钙及B族维生素等，有助于胎儿的发育。

• 预防高血压：大豆所含的卵磷脂有防止胆固醇在血液中滞留、清洁血液、预防发胖的作用。

最佳食用方法 ❤

• 大豆宜与玉米同食，可提高彼此的营养价值。

• 大豆与排骨同食，对补铁有益。搭配食用，可以保护血管。

• 大豆与香菜搭配煮汤，具有健脾宽中、祛风解毒的功效。

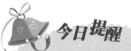

今日提醒

大豆通常有一种豆腥味，很多人不喜欢。在炒大豆时，加上少许黄酒和盐，豆腥味会少得多；在炒大豆之前用凉盐水把大豆洗一下，也可达到祛腥的效果。

怀孕 237 天

孕期不要贪吃桂圆

桂圆又名龙眼、龙眼肉，桂圆中含有葡萄糖、维生素、蔗糖等物质，营养丰富。但准妈妈如果阴虚内热，就不宜服用。

桂圆的功能多多

● 桂圆治疗虚劳羸弱、失眠、健忘、惊悸、怔忡、心虚头晕效果显著。

● 桂圆能抑制使人衰老的一种酶的活性，加上所含丰富的蛋白质维生素及矿物质，久食可"使人轻身不老"。

● 桂圆还能补气养血，对神经衰弱、更年期女性的心烦汗出、智力减退都有很好的疗效，是健脑益智的佳品。

● 产后女性若体虚乏力，或因营养不良引起贫血，食用桂圆是不错的选择。

桂圆可能导致流产、早产

准妈妈的主要生理状态是阳常有余，阴常不足。因为准妈妈受孕后，阴血聚以养胎，大多阴血偏虚，而阴虚常滋生内热，出现大便燥结、心悸燥热、舌质偏红和肝火旺等症状。而桂圆性温，味甘，极易上火，准妈妈吃后不仅增添胎热，而且易导致气机失调，引起胃气上逆、呕吐，日久则伤阴出现热象，引起腹痛，引发"见红"等先兆流产症状，甚至引起流产或早产。

红枣、枸杞也是滋补良品

准妈妈虽然不能吃桂圆，但是可以用红枣和枸杞代替。红枣和枸杞的性味比较温和，还能补益精血、补血行气，能在一定程度上替代桂圆。

怀孕 **238** 天

饮食调理，防止妊娠纹

由于胎宝宝的不断生长，腹部不断膨胀，准妈妈腹部的皮肤过度伸张，产生妊娠纹。吃对食物，可以有效预防妊娠纹的发生。

番茄 ♥

番茄具有保养皮肤的功效，可以有效预防妊娠纹的形成。番茄红素的抗氧化能力是维生素 C 的 20 倍，可以预防妊娠纹的出现。

猪蹄 ♥

猪蹄筋中含有丰富的胶原蛋白，能预防皮肤干瘪起皱，增强皮肤弹性和韧性，可以有效预防妊娠纹。

海带 ♥

海带含有丰富的胡萝卜素、维生素 B_1 等维生素，可以有效防止皮肤老化，有效缓解妊娠纹。

西蓝花 ♥

很多准妈妈以为番茄是维生素 C 最丰富的蔬菜，其实，西蓝花的维生素 C 含量几乎是番茄的 3 倍。而丰富的维生素 C 不但能增强准妈妈的免疫力，保证胎儿不受病菌感染，还能增强皮肤弹性，让准妈妈远离妊娠纹的困扰。

猕猴桃 ♥

猕猴桃含有丰富的维生素 C，能使皮肤中深色氧化型色素转化为还原型浅色素，干扰黑色素的形成，预防色素沉淀，令皮肤白皙，对抗妊娠纹。

怀孕 **239** 天

野菜也有营养价值

野菜营养丰富,与栽培蔬菜相比,蛋白质高20%,矿物质达数十种之多且含量高。是准妈妈的又一营养食品良品。

荠菜 ♥

荠菜的的主要食疗作用是凉血止血、补虚健脾、清热利水。春天摘些荠菜的嫩茎叶或越冬芽,焯过后凉拌、蘸酱、做汤、做馅、炒食都可以,还可以熬成鲜美的荠菜粥。

苋菜 ♥

苋菜有清热利尿、解毒、滋阴润燥的作用。除了炒食、凉拌、做汤外,也常用来做馅,比如凉拌苋菜、苋菜鸡丝、苋菜水饺等。

水芹 ♥

水芹又叫水芹菜、河芹,具有清热解毒、润肺、健脾和胃、消食导滞、利尿、止血、降血压、抗肝炎、抗心律失常、抗菌的作用。

蕨菜 ♥

蕨菜是一种常见的野菜,富含氨基酸、多种维生素和微量元素。有安神的功效,并有清热滑肠、降气化痰、利尿的作用。蕨菜可以与菌菇类食物一起烹调,但干蕨菜或用盐腌过的蕨菜在吃前最好用水浸泡一下,减少盐的含量。

蒲公英 ♥

蒲公英的主要功效是清热解毒、消肿和利尿。它具有广谱抗菌的作用,还能激发人体的免疫功能,达到利胆和保肝的作用。

今日提醒

野菜是不能随便食用的,准妈妈应该在专业人士的指导下谨慎选择野菜的种类,以免误食有毒的野菜。

怀孕 240 天

能缓解身体不适的美食

在等待新生命降临的同时，准妈妈的身体会出现这样那样的状况。在此，为准妈妈们介绍几款缓解孕晚期身体不适的食物。

莲藕帮助润肠排便 ♥

莲藕含 B 族维生素、维生素 C、蛋白质及大量淀粉，可以祛热清凉，缓解喉咙痛、便秘等症状，帮助润肠排便。

菜心使准妈妈保持美丽 ♥

菜心含胡萝卜素、B 族维生素、维生素 C、矿物质，可改善油性皮肤、色素不平衡、暗疮及皮肤粗糙，是准妈妈保持美丽的秘密武器。

茄子可以利尿解毒 ♥

茄子含维生素 B_1、维生素 B_2、胡萝卜素及铁、磷、钠、钙等矿物质，可散血止痛、利尿解毒，预防血管硬化及高血压，患有妊娠高血压的准妈妈可适量食用。

丝瓜缓解腰腿疼痛 ♥

丝瓜含 B 族维生素、氨基酸、糖类、蛋白质，可缓解筋骨酸痛，祛风化痰、凉血解毒及利尿，对准妈妈手脚水肿、腰腿疼痛有一定调理作用。

菠菜能够消除疲劳 ♥

菠菜含胡萝卜素、维生素 C、大量叶酸及丰富的铁，能平衡内分泌功能、消除疲劳，适合贫血、产前产后的女性食用。

怀孕 **241** 天

胎儿需要维生素 E 的保护

维生素 E 是一种非常强的抗氧化剂，被誉为血管清道夫，是维持女性生育功能及人体心肌、外周血管系统、平滑肌正常活动所必不可少的元素。

维生素 E 是胎宝宝的**保护神** ♥

• 维生素 E 有助于安胎保健，具有保胎的功效，能促进胎宝宝良好发育，预防流产、早产。

• 维生素 E 还对肝细胞有重要的保护作用，对皮肤也很有益处，能够防止妊娠纹的产生，因此，可在孕期适当服用。

• 维生素 E 可促进脑垂体前叶分泌促性腺激素，调节性腺功能，临床上常用维生素 E 制剂治疗习惯性流产和先兆流产。

维生素 E 缺乏的**危害** ♥

准妈妈如果缺乏维生素 E，容易胎动不安，流产后不易再受精怀孕；也会造成宝宝各种智能障碍或情绪障碍，甚至可能导致胎宝宝智力障碍、脑功能障碍。因此，准妈妈要适当多吃一些富含维生素 E 的食物。

维生素 E 的**食物来源** ♥

食物中的维生素 E 在一般烹调情况下损失不多，但在高温加热时活性会降低。维生素 E 主要来自植物油（葵花籽油、豆油、菜籽油、花生油、麦胚油、玉米油等）、大豆、干果、麦芽、绿叶蔬菜、柑橘、粗加工的谷类、鳗鱼、蛋、乌贼等。

怀孕
242
天

呼吸困难，巧调理

孕晚期，准妈妈可能会呼吸困难。为了减轻因妊娠造成的呼吸困难，准妈妈应该多注意一些饮食方面的禁忌。

忌过甜食品 ♥

过甜食品可使人体湿热蕴积而成痰，人们发现过食甜品后，会感到口中黏腻痰多。呼吸困难者自身就易多痰，再食过甜食物，会使痰饮聚积而加重病情。过甜食品包括糖类、酒酿、甜饮料、蜂蜜等，其中酒酿不仅过甜而生痰，还会引起疾病发作。故此，呼吸困难的准妈妈也不宜食用过甜食物。

忌辛辣刺激之物 ♥

辣椒、胡椒、咖喱、芥末、过浓的香料香精等辛辣刺激物可使呼吸困难加重。

忌食过咸及大量饮水 ♥

大量饮水及盐过多，往往会加重心脏负担，有心脏病或呼吸困难的准妈妈，应特别注意。

准妈妈觉得口渴，可适量吃水果，如西瓜、苹果、桃子、梨等。准妈妈不宜一次性大量饮水，可以每次少喝一些，分几次满足自己和胎宝宝对水的需求。

忌过烫过冷的食物 ♥

过烫的食物及汤水，会刺激或烫伤胃黏膜；过冷的食物如冰激凌、冰镇饮料、酒类、冰咖啡，以及刚从冰箱中取出的食物，食入后会导致胃黏膜血管收缩缺血，不利于缓解呼吸困难。

怀孕 243 天

用饮食对抗小便失禁

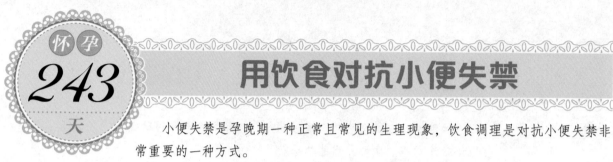

小便失禁是孕晚期一种正常且常见的生理现象，饮食调理是对抗小便失禁非常重要的一种方式。

少吃多盐多糖食物

多盐多糖皆可引起多饮多尿，生冷食物可削弱脾胃功能，对肾无益，故应禁食。

少吃辣椒、酸性食物

若食用这类食物，可使大脑皮质的功能失调，易发生小便失禁。

忌食利尿食物

玉米、薏米、赤小豆、鲤鱼、西瓜，这些食物因味甘淡，利尿作用明显，可加重小便失禁的状况，故应忌食。

控制饮水量

白天多喝水，可适度憋尿，锻炼膀胱存尿能力；晚餐尽量少喝水，减少夜间排尿量，以避免加重肾脏负担。

多食含纤维素的食物

饮食要清淡，多食含纤维素的食物，如大麦、蚕豆、糙米、甘薯等，防止因便秘而引起的腹压增高。

进食含镁食物

镁元素能够帮助肌肉中能量的释放，促进肌肉收缩，增强尿道括约肌的功效，因此，对改善尿道周围肌肉松弛所致的尿失禁比较有效。海鲜、坚果类、苹果、蜂蜜等食物中都含有镁。

怀孕

244

天

用饮食调养小便不畅

随着胎儿日渐长大，准妈妈的子宫也大了起来，因而有不少准妈妈会出现小便不畅。准妈妈应该针对自己的情况进行饮食调养。

因虚热小便不畅的调养

小便频数不利，时常带有涩痛，小便色淡黄，有时颧骨赤红，同时，准妈妈神疲乏力，头重目眩，心烦眠差，气短便结，舌红苔薄、微黄而干，脉搏虚弱。对此，准妈妈应以清补通利为主，补充维生素及蛋白质，多食豆制品、麦麸、玉米、新鲜蔬菜、水果。忌吃油腻胀气、助痰生湿的食品。

因湿热小便不畅的调养

小便颜色黄赤，排解艰涩困难，并伴有刺痛感，频数而短，且准妈妈面色微红，口干且苦，心烦急躁，或伴有口糜舌疮，舌红苔黄、厚燥或腻，脉搏滑而有力。对此，准妈妈可以食用冬瓜、玉米、杨桃、桂花等食物进行调理。

因气虚小便不畅的调养

小便频数而淋漓，欲排而不能制约，解后疼痛，尿量不衰，尿色发白，有时或淡黄，同时准妈妈腰背酸胀，舌淡苔正，脉搏缓而无力。对此，准妈妈应食用黄芪、党参、火腿肉、鸭蛋等食物进行调理。

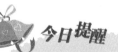

今日提醒

孕晚期准妈妈膀胱受子宫及胎儿压迫，导致小便次数增加，这是一种正常的生理现象，不必忧虑。

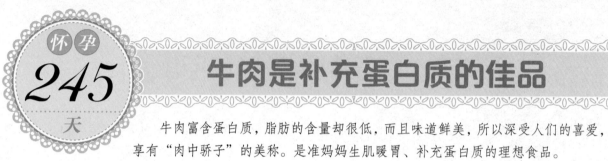

牛肉是补充蛋白质的佳品

怀孕 245 天

牛肉富含蛋白质，脂肪的含量却很低，而且味道鲜美，所以深受人们的喜爱，享有"肉中骄子"的美称。是准妈妈生肌暖胃、补充蛋白质的理想食品。

牛肉让准妈妈更健康

• 提供优质的蛋白质：牛肉中富含蛋白质，其含有的肌氨酸含量较高，牛肉中的蛋白质很容易被吸收，常吃牛肉可增长肌肉、增强力量。

• 预防佝偻病：牛肉含有丰富的维生素 D，能促进胎儿全身骨骼及牙齿的发育，还能预防佝偻病和骨质疏松等症。

• 补血益气：牛肉含维生素 B_6、铁、锌，每 100 克的牛腱含铁量为 3 毫克，约为怀孕期间铁建议量的 10%；含锌量 8.5 毫克，约为怀孕期间锌建议量的 77%，牛肉中的锌比植物中的锌更容易被人体吸收。

最佳食用方法

• 牛肉吃法很多，可以酱、烧、炒、扒、煎、熘，也可以做馅包饺子。若论营养保存，还得数清炖牛肉，原汁原味，鲜美可口，肉质酥烂，营养损失较少。

• 牛肉与洋葱搭配可以补脾胃，祛风发汗。

• 牛肉与白菜同食，具有健脾开胃的功效，特别适合准妈妈。

• 煮牛肉时在锅里放一个山楂、一块橘皮或一点茶叶，牛肉易烂，并能较好地保存牛肉中的营养成分。

专家答疑

Q 怎样辨别牛肉是新鲜的？

A 新鲜牛肉表面有光泽，有弹性，指压后凹陷立即恢复，手无黏腻感；次品牛肉弹性差，指压后凹陷恢复很慢甚至不能恢复，变质牛肉无弹性。

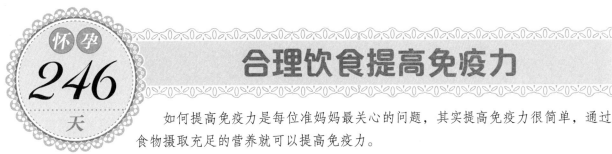

合理饮食提高免疫力

怀孕 246 天

如何提高免疫力是每位准妈妈最关心的问题，其实提高免疫力很简单，通过食物摄取充足的营养就可以提高免疫力。

牛奶

牛奶是动物性食物中少有的碱性食品，对维护体内环境的稳定大有好处。如果不喜欢牛奶，可以尝试用酸奶替代，这样还可以维持肠道有益菌的平衡，在一定程度上避免病原微生物从肠道入侵。

五谷杂粮

谷物是科学饮食金字塔的塔基，如果每天的主食总是大米、白面就未免单调，营养会不全面。谷物要吃够，一般占到主食的 4 ~ 6 成，品种是越丰富越好。

水果

许多水果富含抗氧化剂、维生素和其他多种营养成分，可以帮助准妈妈提高身体免疫力，有助于防癌。

蔬菜

胡萝卜、番茄能为人体补充两种重要的抗氧化营养素——胡萝卜素、番茄红素，而绿叶蔬菜含叶酸和维生素 C 较多，这些营养素可以帮准妈妈抵抗疾病的侵袭。尤其是叶酸，是免疫物质合成所需的因子，能够促进干扰素等抗病毒物质合成，对维护抵抗力很有帮助。

动物的肝脏

食用动物的肝脏可以适量补充维生素 A 及铁，有助于呼吸道黏膜的完整、功能的维持及对异物的反应性，对病毒的侵袭和感染起着重要防卫作用。但肝脏毕竟是解毒器官，还是建议少吃，一周吃 1 ~ 2 次为宜。

忌过多服用鱼肝油

许多人把鱼肝油看作营养品，认为吃鱼肝油的时间越长，量越多越好。其实不然，鱼肝油用量太大或长期服用对准妈妈和胎儿的健康有害。

维生素 A 过量导致的危害 ♥

鱼肝油的主要成分是维生素 A 和维生素 D。如果维生素 A 摄入量过大，会引起毛发脱落、皮肤发痒、食欲减退、感觉过敏、眼球突出、血中凝血酶原不足和维生素 C 代谢障碍等。维生素 A 过量还能直接刺激胎儿骨膜中破骨细胞和骨细胞，使它们功能亢进，引起严重的骨骼畸形和并指（趾），也可引起颅骨骨缝增宽、腭裂、眼畸形及脑畸形等。

维生素 D 过量导致的危害 ♥

和维生素 A 一样，过多的维生素 D 存于体内，将不断刺激组织钙化，如肺、肾等，从而造成心肺的不正常，也会影响智力的发展。准妈妈摄入的维生素 D，是经过胎盘输送给胎儿的。维生素 D 经过人体代谢，变成控制钙化的激素，它调节小肠吸收磷和钙的比例，促进肾脏对磷盐的清除，控制钙化过程。维生素 D 过量，则准妈妈血中钙浓度过高，会出现肌肉软弱无力、呕吐和心律失常，使胎儿在发育期间出现牙滤泡移位，甚至使分娩不久的新生儿萌出牙齿。

怀孕 **248** 天

准妈妈要远离容易对子宫产生强烈刺激作用的食物，以下食物最好不要吃，以防止早产的发生。

远离可能导致早产的食物

远离有活血化瘀功效的食物

有活血化瘀功效的食物会加快血液循环的速度，不利于胎儿的稳定，要少吃。这些食物有：大闸蟹、甲鱼等。

远离有滑利作用的食品

性质滑利的食品，如薏米、马齿苋，这些食物会刺激子宫，使子宫产生明显的兴奋反应，而且薏米会影响体内雌激素水平，总之，不利胎儿的稳定，会导致早产，因此必须注意少吃。

远离有兴奋作用的山楂

进食大量的山楂会引起明显的子宫收缩，导致早产。

远离含有雌激素的木瓜

木瓜含有雌激素，容易扰乱体内的激素水平，尤其是青木瓜，吃多了容易导致早产，准妈妈应尽量少吃。

远离有滋补作用的人参

人参是温热性的补品。由于孕期的生理变化，准妈妈此时吃人参会加剧孕吐、水肿、高血压、便秘等症状；而且因人参中的皂苷可促使子宫收缩，有诱发早产的可能。因此，准妈妈最好不要进补人参。

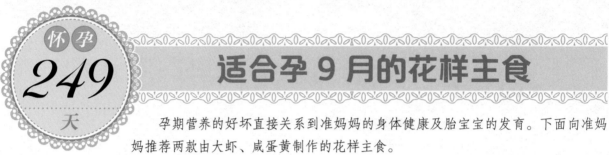

怀孕 249 天

适合孕 9 月的花样主食

孕期营养的好坏直接关系到准妈妈的身体健康及胎宝宝的发育。下面向准妈妈推荐两款由大虾、咸蛋黄制作的花样主食。

荞麦鲜虾面

原料

荞麦面条、大虾、圆白菜各 100 克，大蒜 5 瓣，香葱末、清汤、盐各适量。

做法

① 大蒜切成片；圆白菜切成丝。

② 炒锅注少许油烧热，下入蒜片爆香后倒入大虾煸至变色，再下入圆白菜丝稍炒，加适量清汤烧开后关火，调入盐，倒入碗中备用；烧水煮面，面条煮熟后，将面捞入碗中，撒入适量香葱末即可。

功效

此面健胃消积、养胃降脂，可缓解孕期便秘，防止肥胖。

咸蛋黄炒饭

原料

米饭 100 克，咸蛋黄 2 个，酱油、盐、蒜苗、香菜、葱末、肉松各适量。

做法

① 蒜苗、香菜均洗净，去根，切末；咸蛋黄切丁。

② 油锅烧热，爆香葱末，放入咸蛋黄及蒜苗拌炒，加入米饭及酱油、盐炒匀，盛入盘中，撒上香菜及肉松即可。

功效

咸蛋黄炒饭健脑补钙，味道咸香，准妈妈可每周食用一次。

怀孕 **250** 天

适合孕9月的滋养汤粥

准妈妈能量消耗较大，需要摄取的营养也比较多。在此，为准妈妈推荐两款由海参、核桃制作的滋养汤粥。

银耳海参炖猪肉

原料

猪瘦肉 300 克，泡发银耳 1 朵，山药 50 克，枸杞子 20 克，海参 2 条，陈皮 1 小块，姜 2 片，盐适量。

做法

1. 将泡发银耳去蒂；山药和枸杞子洗净；海参和猪瘦肉洗净切块，氽水捞起；陈皮用水泡软，刮去白瓤。

2. 将泡发银耳、陈皮、海参和猪瘦肉块、山药、枸杞子和姜放入炖盅，倒入适量开水，隔水炖 2 小时，下盐调味即可。

功效

此汤滋阴补肾、健脾益气，可缓解孕晚期准妈妈疲劳气虚的状态。

核桃酪

原料

糯米 100 克，核桃仁 200 克，枣泥 50 克，白糖适量。

做法

1. 核桃仁用刀切碎；糯米淘洗干净；把切碎的核桃仁同糯米合在一起，加入清水磨成米浆。

2. 砂锅加清水烧开，加入白糖、米浆倒锅内煮制，快开时，加入枣泥同煮，待表面还未起大泡时即关火入碗。

功效

核桃酪益气养血、益智补脑，对胎宝宝具有养护大脑、增进造血功能等功效。

怀孕 251 天

适合孕 9 月的美味家常菜

准妈妈应注意食物烹调需清淡，避开过分油腻和刺激性强的饮食。下面推荐两款以芦笋、丝瓜为原料的美味家常菜。

芦笋炒瘦肉

原料

芦笋 100 克，瘦肉 80 克，胡萝卜 20 克，生姜、熟鸡油、淀粉、盐、白糖各适量。

做法

① 芦笋洗净，切段；瘦肉洗净，切丝；胡萝卜洗净，去皮，切丝，用开水焯烫一下；生姜洗净，去皮，切丝。

② 油锅烧热，放入瘦肉丝加姜丝煸炒至肉白，放入芦笋段、胡萝卜丝，加盐、白糖，用淀粉勾芡，淋入熟鸡油即可。

功效

此菜对准妈妈营养不良性低蛋白血症和妊娠高血压综合征有较好的辅助效果。

丝瓜烩菇片

原料

白玉菇适量，丝瓜 200 克，姜片、盐各适量。

做法

① 丝瓜洗净，去皮，切滚刀块；白玉菇洗净去根，分成小朵，过水焯熟。

② 油锅烧热，爆香姜片，倒入丝瓜块中火翻炒；加入白玉菇翻炒均匀；倒入水，水量没过丝瓜即可，煮至汁水黏稠；加盐调味，开盖略收汤即可。

功效

本品营养丰富、补中益气、清热除烦，适合无食欲和患糖尿病的准妈妈。

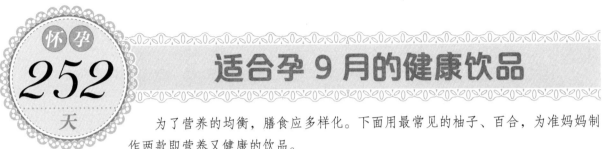

怀孕 **252** 天

适合孕 9 月的健康饮品

为了营养的均衡，膳食应多样化。下面用最常见的柚子、百合，为准妈妈制作两款即营养又健康的饮品。

蜂蜜柚子茶

原料

柚子 500 克，冰糖、蜂蜜各 250 克，盐适量。

做法

① 将柚子在热水中浸泡 5 分钟左右，将外皮剥下来，切细丝，放点盐腌一下；将柚子果肉剥出，去核，用勺子捣碎。

② 将柚子皮、果肉和冰糖放入锅中，加水用大火煮，开锅后改为小火熬至黏稠，柚皮呈金黄透亮时关火，将柚子汤汁冷却一下，放入蜂蜜搅拌均匀即可。

功效

蜂蜜柚子茶清热降火，缓解孕期便秘，并能防治妊娠斑。

百合莲子豆浆

原料

黄豆 50 克，新鲜百合 15 克，莲子 25 克。

做法

① 黄豆用水浸泡 10 ～ 12 小时，洗净；新鲜百合洗净，分瓣；莲子浸泡 2 小时，洗净。

② 将黄豆、新鲜百合、莲子放入多功能豆浆机中，加水到机体水位线间，接通电源，按下"五谷豆浆"启动键，20 分钟左右豆浆即可做好。

功效

此品清心除烦、补脑安神，可缓解孕晚期焦虑症状，并有一定助眠作用。

孕9月  每日三餐营养配餐方案

组 序	早 餐	中 餐	晚 餐
配餐方案 1	家常奶黄包 煎蛋 核桃酪	油菜炒虾皮 樱桃肉 冬瓜番茄汤 米饭	豆腐蒸蛋 蚝油牛肉 大酱汤 米饭
配餐方案 2	玉米鸡蛋面 白水煮蛋 辣白菜	芦笋鸡柳 蒜蓉酱油白灼生菜 冬瓜肉丸汤 素面	酱焖鲫鱼 扣三丝 当归党参黄芪红枣 乌鸡汤 蛋炒饭
配餐方案 3	鸡蛋牛奶蔬菜饼 酸辣萝卜丝 虾仁小馄饨	红烧狮子头 奶汤蒲菜 薏米银耳羹 米饭	腌笃鲜 椒盐蘑菇 什锦蘑菇鱼汤 三鲜面
配餐方案 4	糯米卷 南瓜红米豆浆 煎蛋	银耳海参炖猪肉 山药青瓜炒木耳 红枣板栗排骨汤 扬州炒饭	鱼籽烧豆腐 蛋黄焗薯丁 韩国海带汤 米饭
配餐方案 5	什锦面片汤 茶叶蛋 黄金馒头	魔芋烧肉 油焖春笋 木瓜山药酸奶 米饭	蚝油草菇滑炒牛肉 土豆泥沙拉 龙眼红枣木瓜盅 馒头

组序	早餐	中餐	晚餐
配餐方案 6	橙香鸡蛋软饼 地瓜粥 茶叶蛋	蒜泥荷兰豆 红茶蜜汁排骨 南瓜浓汤 咸蛋黄炒饭	丝瓜烧豆腐 酱炖肉丁 木瓜莲子百合汤 馒头
配餐方案 7	法式蛋皮吐司 煎蛋 蔬菜玉米麦片粥	丝瓜烩菇片 清炖牛肉白萝卜 番茄黄豆牛肉汤 米饭	桂花糯米藕 芦笋炒瘦肉 西蓝花菌菇汤 米饭
配餐方案 8	面包布丁 金枪鱼蛋卷 牛奶	香椿烧豆腐 洋葱爆炒猪肝 罗宋汤 千层饼	白灼金针菇 豌豆玉米虾仁 芹菜红枣瘦肉汤 银丝花卷
配餐方案 9	银鱼蛋羹 白水煮蛋 荞麦鲜虾面	炝拌土豆丝 甜辣鸡块 椰奶捞 米饭	小葱煎豆腐 花生肉末炒萝卜干 甘蔗木瓜猪蹄汤 水饺
配餐方案 10	老北京糊塌子 银丝花卷 豆浆	酸辣藕丁 茄汁焖大虾 枸杞醪糟酿蛋 花卷	叉烧排骨 小炒木耳 百合红枣浓汤 馒头

Part 10

孕 10 月
灵活进食助安产

　　孕 10 月，准妈妈准备迎接激动人心的时刻了。漫长的孕期即将结束，胎宝宝即将与你见面，此时此刻，新妈妈和新爸爸准备好了吗？

怀孕

253~254 天

幸福来临的孕10月

顺利来到怀孕的最后一个月了，很快就要见到小宝宝了，准妈妈是不是多少有点儿紧张？请放松心情，平安度过孕期的最后一个月吧。

胎宝宝：成熟健康的足月儿 💜

现在的胎宝宝重量为 3200～3400 克，身长 50 厘米左右，胎宝宝之间存在着差别，有的胖一点有的瘦一点。但一般只要胎宝宝体重超过 2500 克就算正常。通常从 B 超推算出来的胎宝宝体重，比仅从母腹大小判断出来的胎宝宝体重要准确一些，只要胎宝宝发育正常，不必太在意他的体重。胎宝宝现在还继续长肉，这些脂肪储备将有助于宝宝出生后的体温调节。这个小家伙的身体各部分已发育完全，其中肺部是最后一个成熟的器官，宝宝出生后几小时才能建立起正常的呼吸模式。宝宝现在已经属于成熟儿了，出生后哭声洪亮，吸吮力强，四肢活动有力，脱离母体可以独立生存。

准妈妈：准备迎接分娩 💛

分娩在即，准妈妈子宫颈变得更为柔软，子宫出现有规律的收缩，这是分娩的信号。子宫收缩在身体运动时会更强烈。如果发现收缩有一定的时间间隔，最好立即去医院。

准妈妈在这几周中会感觉很紧张、心情烦躁焦急，这都是正常现象，同时，这几周会感动身体越来越沉重。准妈妈要密切注意自己身体的变化，随时做好生产的准备。

重点关注：做好入院前的准备 💚

在入院前，应备齐分娩必备物品，包括住院时需要的物品、新生儿用品、住院过程中产妇必要的用品、出院用品等。怀孕后期发给准妈妈的待产须知上，除了列举即将生产的各种征兆外，还注明住院待产时应携带的物品，包括挂号证、夫妻双方身份证、健保卡、准妈妈健康手册，以及个人日常用品、换洗衣物、产垫等，提早准备妥当才不至于手忙脚乱，将这些物品统统装入大旅行袋里，并将旅行袋放置在大家都知道的地方。

怀孕
255~256
天

孕10月营养饮食指导

马上就要分娩了，准妈妈千万不能因为紧张而忽略饮食，或者因为紧张而饮食不正常，轻松一点，科学合理地饮食才能为分娩提供能量。

不能暴饮暴食

临产前的准妈妈既不可过于饥渴，也不能暴饮暴食。暴饮暴食会加重胃肠道的负担，引起消化不良、腹胀、呕吐，导致组织弹性减弱，分娩时易造成滞产或大出血。

多吃点红色食物

红色食物有助于减轻疲劳，可以令人精神抖擞，增强自信及意志力，使人充满力量，如苹果、樱桃、红枣、番茄、草莓等，这些食物都是改善产前抑郁的天然食物。

产程中的饮食准备

一般产程需要 12 小时左右。准妈妈在产程中可以吃一些易消化吸收、少渣、可口味鲜的食物，如排骨面条、牛奶、酸奶、巧克力等，要吃好、吃饱，为自己积攒足够的能量。

分娩当天的饮食准备

分娩后，当天的饮食应稀、软、清淡，以补充水分，易消化为主。可以先喝一些热牛奶、粥等。牛奶不仅可以补充水分，还可以补充新妈妈特别需要的钙。粥类甜香可口，有益于脾胃，新妈妈可以多喝一些。

准备剖宫产的准妈妈术前
不能滥用滋补品

需要进行剖宫产的准妈妈，在术前不宜滥用高级滋补品，如高丽参、西洋参等。因为参类含有皂苷，具有强心、兴奋的作用，影响手术正常进行和手术后产妇的休息。

怀孕 **257~258** 天

痔疮的饮食调理

孕期痔疮的发病率是比较高的，当痔疮比较严重的时候，准妈妈通常会痛得坐不住。孕期防治痔疮，应以食疗为主。

适当吃些水果 ♥

水果大多味甘多汁，生津止渴，开胃助食，通利两便，富含维生素、膳食纤维、微量元素等。因此，便秘的准妈妈可适当地进食香蕉、桃子、西瓜、西梅、枇杷、熟木瓜等有润肠通便作用的水果，缓解痔疮症状。

适当地吃新鲜蔬菜 ♥

适当地吃新鲜蔬菜可以缓解与预防痔疮的发生。如生吃白萝卜可促进消化、消炎的作用，其辛辣的成分可促胃液分泌，调整胃肠机能。另外，萝卜中的粗纤维能促进胃肠蠕动，保持大便通畅；红薯中的纤维物质在肠内能吸收大量水分，增加粪便体积，对促进胃肠蠕动和通便非常有益，常用来治疗痔疮及肛裂等；常食莴笋能促进肠蠕动，预防便秘，减轻肛门局部血管的压力，可有效预防和缓解痔疮。

多吃些粗粮 ♥

玉米、地瓜、小米、全麦面粉等食物，除了含有丰富的营养物质外，还能刺激肠蠕动，防止粪便在肠道内堆积，预防便秘，能有效预防和缓解痔疮。

怀孕
259
天

减少热量的烹调方法

制作孕妇食谱时，要在食物的烹饪方法上下功夫。即使是同一种食品，由于烹饪方法的不同，其热量也不尽相同。

选择肉类中热量少的部位 ❤

在牛肉和猪肉中，去掉油脂的里脊、大腿内侧、膝盖后身等部位的肉，以及红色的瘦肉部分热量低。鸡肉中，胸脯肉比大腿肉的脂肪含量少，烹饪的时候将皮除去，能够大大减少热量。

使用不粘锅 ❤

炒青菜的时候如果使用不粘锅就能减少油的使用量，热量也会随之降低。

通过汆、煮降低热量 ❤

把含有油脂的食物用水汆一汆，除掉油脂，也可以降低食物的热量。如在做肉食的时候，先把肉汆一下或者煮一下然后再进行烹制。汆煮的时候要仔细地把浮在上面的油脂和浮沫捞出，能让肉类食物中的热量减少。

使用微波炉 ❤

做油炸食物的时候，不能将食物直接投入油中，而应当使用微波炉。在原材料上涂抹作料以后，再涂抹一层食用油，放入微波炉里加热。这样既可以享受烤制的香味，又能减少热量。

怀孕 **260** 天

加强营养积极备产

为了储备足够的能量应对分娩，准妈妈应该多吃富含蛋白质、糖类等能量较高的食品。如果营养不足，将会直接影响临产时的产力。

增加蛋白质可改善乳质 ♥

孕晚期准妈妈应充分摄入蛋白质，特别是最后几周，胎儿需要更多的蛋白质以满足组织合成和快速生长的需要。同时分娩造成身体的亏损及产后流血，需要蛋白质来修复。孕晚期膳食中蛋白质丰富，还有利于产后泌乳。为此，我国营养学会建议，孕晚期每日膳食蛋白质摄入量应比孕中期增加25克。

产前充分摄取维生素C ♥

维生素C有"天然抗氧化剂"之称，对疾病的抵抗能力很强。除此之外，还可防止婴幼儿突发死亡。准妈妈每餐都要吃水果以摄取维生素C，因为维生素C在体内只能存在2～3小时，很快就会被消耗掉。

为安全生产充分摄取维生素E ♥

充分摄取维生素E是顺利生产的重要保证。由于维生素E的存在，氧气得以输送到身体各

部位，从而帮助了准妈妈缓解疲劳，并能缓解准妈妈临产前的紧张情绪，使紧张的肌肉得以放松。

今日提醒

在怀孕期间，由于胎宝宝发育占用了不少营养，所以准妈妈体内的维生素C及血液中的很多营养物质都会下降。孕晚期，在准妈妈的饮食中加强维生素C的补给能够防止白血球中维生素C含量下降，从而防止羊膜早破。

怀孕
261~262
天

"开心"食物，远离产前抑郁

产前抑郁危害着准妈妈和胎宝宝的健康，吃些"开心"食物，抑制导致产前抑郁的激素，远离产前抑郁情绪。

糙米、麦片

富含 B 族维生素的食品，如麦片、全麦面包、糙米等都有助于提高准妈妈体内抗抑郁激素的水平。

豆类食物

大豆中富含人脑所需的优质蛋白质和 8 种人体必需氨基酸，这些物质都有助于增强脑血管的功能，提高大脑活力，让你的心情更舒畅。

香蕉

香蕉是一种"快乐"水果，可向大脑提供重要物质酪氨酸，特别是能使神经"坚强"的色氨酸，形成一种叫做"满足激素"的血清素，使人感到幸福、开朗，预防产前抑郁症的发生。

南瓜

南瓜富含维生素 B_6 和铁，这两种营养素能帮助身体中的血糖转变成葡萄糖，给大脑提供充足的燃料。多吃南瓜可以让你感觉快乐。

菠菜

菠菜除含有大量铁之外，还含有人体所需的叶酸。叶酸具有预防抑郁症的功效。

调整饮食，预防妊娠中毒症

在孕晚期，如果出现妊娠高血压、水肿和蛋白尿等症状，要当心妊娠中毒症，妊娠中毒症与饮食有较大关系。

控制体重

准妈妈整个孕期体重增长不应超标。饮食摄入过量容易导致肥胖，而肥胖是造成妊娠高血压的一个重要因素，所以孕期要适当控制食物的量。

降低脂肪摄入

准妈妈应少吃动物性脂肪，而以植物油烹饪食物，每天烹饪用油大约20毫升。这样，不仅能为胎宝宝提供生长发育所需的脂肪酸，还可增加前列腺素合成，有助于消解多余脂肪。

补充蛋白质

禽类、鱼类蛋白质可调节或降低血压，大豆中的蛋白质可保护心血管。因此，多吃鱼类、禽类和大豆类食物可改善孕期血压。但肾功能异常的准妈妈必须控制蛋白质的摄入量，避免增加肾脏负担。

补充钙

准妈妈增加乳制品的摄入量可减少妊娠中毒症的发生概率。建议坚持喝牛奶，常吃大豆及大豆制品以及海产品等，大豆及豆制品含有优质蛋白和钙。

多吃新鲜果蔬

保证每天摄入蔬菜500克以上，水果200～400克，多种蔬菜和水果搭配食用。因为蔬菜和水果可以增加食物膳食纤维的摄入，对防止便秘、降低血脂有益，还可为准妈妈补充多种维生素和矿物质，有利于防治妊娠中毒症。

适量减盐

如果盐摄入过多，容易导致水钠潴留，会使准妈妈血压升高，所以一定要控制盐的摄入量。一般建议准妈妈每天盐的摄入量少于6克，有助于预防妊娠中毒症。

怀孕 **264** 天

挑选饼干有方法

准妈妈在孕期可以适当吃一些饼干，不过选择饼干有讲究。自制的饼干是准妈妈最好的选择。

饼干的挑选原则 ♥

• 挑选有独立包装或者大包装的饼干，从卫生上来说比较放心。散装饼干卫生保障相对较差。而且有包装的饼干可以看到用料、生产日期和保质期。

• 要注意饼干的种类。对准妈妈来说，最好挑选低脂、低糖和低热量的饼干，少选夹心或者过咸的饼干，也少吃威化饼干。因为威化饼干中的奶油脂肪含量较高，但吃后饱腹感却很不明显，容易吃多，吃入过多脂肪。

吃饼干要讲究方法 ♥

吃饼干时可以喝点牛奶或者水。因为饼干一般都比较干，水分可以使饼干中的淀粉质膨大，容易有饱腹感，更方便控制摄入量。

不同饼干，不同需求 ♥

含糖较低的饼干，会把含糖量标注在碳水化合物下面，这类饼干较适合准妈妈。含有麸皮成分的饼干注重膳食纤维的含量，往往会标注膳食纤维。苏打饼干是碱性食品，能中和胃内过多的胃酸，胃不适的准妈妈可以食用。

超重准妈妈的饮食调整

到了孕晚期，如果准妈妈超重了，将会面临重大的挑战。在此介绍一些有助于准妈妈将体重控制至正常的饮食妙招。

🍼 饮食规律 💜

保持早餐、午餐、晚餐和两顿加餐的规律饮食。每天摄取 1800 ～ 2400 千卡的能量就足够了，这可能比一般所摄取的热量要少，但比因不规律的饮食而增重更有利于健康。

🍼 设立一个饮食日记 💜

准妈妈可以参考医生或营养师的建议，结合自己的情况，通过建立的饮食日记，记录、改善自己食物的摄取品种、数量等。例如，根据日记记录增重的多少，来控制饮食的增加或减少。

🍼 避免喝高糖高脂的饮品 💜

过甜的饮料大多含糖量很高，通常热量很高，容易使体重增长。因此，准妈妈尽量喝低脂或无脂牛奶、水或不甜的饮料。

🍼 保证充分的饮水量 💜

每天喝 8 ～ 10 杯的水，以保持体内水分充足，也有助于减少进食量。

🍼 每天摄取适量的纤维素 💜

富含纤维素的燕麦和全麦类食物更容易产生饱腹感，达到减少进食的目的。

怀孕 266~267 天

孕晚期零食的选择

孕晚期需合理分配饮食，控制胎儿体重增长速度。在正餐之外，选对零食加餐可让胎儿成长得更健康。下面推荐几种适合准妈妈的零食。

无花果 ❤

无花果能健胃润肠，还能催乳，富含多种维生素和果糖、葡萄糖等，是孕期的绝佳零食，有些便秘的准妈妈可以多吃一些，以利排便。

奶酪 ❤

奶酪是牛奶"浓缩"成的精华，有丰富的蛋白质、B族维生素、钙和多种有利于准妈妈的微量营养成分。天然奶酪中的乳酸菌有助于准妈妈的肠胃对营养的吸收。奶酪提供的营养丰富，同时脂肪含量丰富，提供的能量也非常多，适合孕晚期的准妈妈在临产的时候吃。

海苔 ❤

海苔浓缩了紫菜当中的各种B族维生素，含有15%左右的矿物质，有助于维持人体内的酸碱平衡，而且热量很低，膳食纤维含量很高，对准妈妈来说是不错的零食。但海苔中钠的含量也很高，不宜每日吃太多，尤其孕晚期，钠更容易引起水肿。

苹果 ❤

苹果酸甜香脆，可缓解抑郁。另外，便秘的准妈妈，可以吃些苹果，苹果富含膳食纤维，可缓解便秘症状。

准妈妈喝茶有讲究

怀孕 268 天

有些准妈妈怀孕前就有喝茶的习惯，怀孕后完全禁茶比较困难，那么，准妈妈应该怎样健康、科学地喝茶呢？

适当喝点绿茶

如果孕前准妈妈喜欢喝茶，那到了孕期，不妨每天少喝一点淡淡的绿茶。

茶叶中含有茶多酚、芳香油、矿物质等成分，准妈妈每天喝3～5克的淡绿茶，对加强心肾功能、促进血液循环、帮助消化、预防妊娠水肿、促进胎宝宝生长发育都是有益处的。此外，绿茶中含有锌元素，锌对胎宝宝的正常发育起着非常重要的作用。

不要喝浓茶

如果准妈妈饮茶过量，而且茶过浓，可能对胎宝宝产生危害。茶叶中含有2%～5%的咖啡因，每500毫升浓茶大约含咖啡因0.06毫克。咖啡因具有兴奋作用，饮用过量的浓茶会刺激胎宝宝，使胎动增加，甚至危害胎宝宝的生长发育。另外，茶叶中含有鞣酸，鞣酸可与准妈妈食物中的铁元素结合成为一种不能被人体吸收的复合物。因此，准妈妈过多地饮浓茶，还会引发贫血，胎宝宝也可能出现先天性缺铁性贫血。

怀孕 **269** 天

鸭肉，孕晚期的优质食物

鸭肉是一种美味佳肴，适于准妈妈在孕晚期进行滋补，补充营养的同时，还能防病治病。

🍼 鸭肉的**营养价值** ♥

鸭肉富含蛋白质、脂肪、铁、钾、糖等多种营养素，具有滋补、养胃、补肾、消水肿、止热痢、止咳化痰等作用。鸭肉中的脂肪含量适中，约为 19.7 克，比猪肉低，并较均匀地分布于全身组织中。脂肪酸主要是不饱和脂肪酸和低碳饱和脂肪酸，消化吸收率比较高。鸭肉还有降低胆固醇的作用，可以防止妊娠高血压综合征的发生。

🍼 不同鸭肉的**食疗价值** ♥

● 青头鸭肉：通利小便，补肾固本。常吃可利尿消肿。对于妊娠水肿有很好的治疗作用。有慢性肾炎病史的准妈妈应常吃，可以保护准妈妈的肾脏。

● 乌骨鸭肉：食用乌嘴、黑腿、乌骨的鸭肉，可以预防及治疗结核病。它可以抑制毛细血管出血，减少潮热肺燥、痰多咳嗽等症状。

● 纯白鸭肉：可清热凉血，适合妊娠高血压的准妈妈食用。

● 老母鸭肉：生津提神，补虚滋阴，大补元气。对准妈妈舌干、唇燥、口腔溃疡等症状有很好的食疗作用。

今日提醒

鸭肉的蛋白质含量很高，营养很丰富，但尽量不要吃烤制的鸭肉，太油腻了。

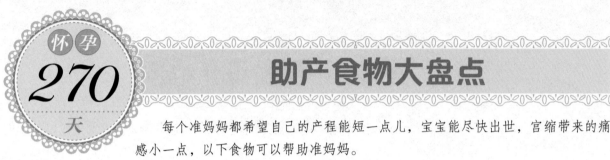

助产食物大盘点

每个准妈妈都希望自己的产程能短一点儿，宝宝能尽快出世，宫缩带来的痛感小一点，以下食物可以帮助准妈妈。

海带

海带中含有丰富的碳水化合物，脂肪却很低，另外还富含粗蛋白以及碘、铁、钙等多种矿物质，尤其是海带可吸附放射性物质。其所含的胶质能促使体内的放射性物质随大便排出，从而减少诱发人体功能异常的物质。

海鱼

海鱼富含多种不饱和脂肪酸，能阻断人体对香烟的反应，并且提高人体的免疫力，保护准妈妈，为宝宝出生保驾护航。

畜禽血

如猪、鸡、鸭、鹅等动物血液中的蛋白质含量非常丰富，蛋白质被胃液和消化酶分解后，会产生一种具有解毒和滑肠作用的物质，这种物质可与侵入人体的粉尘、有害金属元素发生化学反应，然后变为不易被人体吸收的废物而排出体外，具有很好的排毒效果，为宝宝的顺利出生创造良好的条件。

豆芽

豆芽不同于豆类，无论黄豆、绿豆，贵在"发芽"。豆芽中所含的多种维生素能够消除孕妇体内的致畸物质，并且还可以促进性激素的生成，有利于宝宝顺利产出。

鲜果汁、鲜菜汁

使血液呈碱性，能促进体内堆积的毒素和废物排出。

怀孕 271 天

准妈妈的备乳食物

到了怀孕第十个月，打算母乳喂养的准妈妈就要开始为产后哺乳储备营养了。此时应适当吃些牛奶、鸡蛋、鱼、肉等富含优质动物蛋白的食物。

丝瓜络 ♥

老一辈的人都喜欢将丝瓜络与鲤鱼、猪蹄、腰花一起煨汤，喝下后发现乳汁分泌旺盛。其实这主要还是高汤的作用，单纯将丝瓜络煨汤是达不到催乳效果的。如果把丝瓜络和肉炖煮，可以起到催乳的作用。

丝瓜络实际上是一种中药材，就是在丝瓜成熟发黄干枯后摘下，除去外皮及果肉、种子，洗净晒干而成。丝瓜络大多是长棱形或长圆筒形，味道有点甜，性寒，有通行经络和凉血解毒的作用。

花生 ♥

花生富含脂肪及人体生命活动所需的各种氨基酸，并且很容易被人体消化吸收。花生可用于脾虚反胃、水肿、妇女白带、贫血及各种出血症及肺燥咳嗽、干咳久咳、产后催乳等。

莴笋 ♥

莴笋也是很好的催乳食物。它分叶用和茎用两种。叶用莴笋又名生菜，茎用莴笋又称莴苣。莴笋有很好的催乳功效，准妈妈可用莴笋烧猪蹄，这种吃法不仅减少油腻，清香可口，而且比单用猪蹄催乳效果更佳。

 专家答疑

Q 催乳食物，是素食类好还是荤食类好？

A 相对来说，素食类催乳食品会对人体起到更好的作用。即便不是素食妈妈，最后一个月也要适当多吃一些素食，既可控制体重增加，又可补充充足的维生素和矿物质，缓解身体不适。

临产前的饮食注意事项

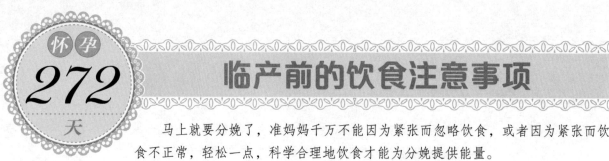

马上就要分娩了，准妈妈千万不能因为紧张而忽略饮食，或者因为紧张而饮食不正常，轻松一点，科学合理地饮食才能为分娩提供能量。

坚持少食多餐

准妈妈在临近分娩时应继续采取少食多餐的原则，吃些容易消化、高热量、少脂肪的食物，如粥、面条、牛奶、鸡蛋、鱼汤等，以增加体力，还可饮一些红糖水、猪骨汤等补充水分，为分娩做好储备。

不能暴饮暴食

临产前，准妈妈既不可过于饥渴，也不能暴饮暴食。因为，暴饮暴食会加重胃肠道的负担，还会引起消化不良、腹胀、呕吐，导致组织弹性减弱，分娩时易造成滞产等，并且吃得过多会使准妈妈体内脂肪蓄积过多，有发生妊娠高血压综合征、妊娠合并糖尿病等疾病的危险。

不要吃油腻难消化的食物

临产期间，由于宫缩的干扰及睡眠的不足，准妈妈胃肠道分泌消化液的能力降低，蠕动功能也减弱，吃进的食物从胃排到肠里的时间也由平时的 4 小时增加至 6 小时，极易存食。因此，最好不吃难以消化的油炸或肥肉类等油性大的食物。

怀孕 273 天

阵痛期间的饮食安排

一次分娩消耗的能量相当多，这些能量必须在产程中实时、及时补充，才能使分娩顺利进行。

补充碳水化合物，增加产力

分娩时，能量消耗非常大，入院待产时准妈妈可以吃一些稀软、清淡、易消化的食物，如豆浆、清汤、挂面、稀粥等，来补充身体所需的能量。

宜少食多餐，食物易消化

阵阵发作的宫缩痛常影响准妈妈的胃口，准妈妈应学会在宫缩间歇期进食的"灵活战术"。可每日进食四五次，少食多餐。食物以易消化、少渣、可口为好，半流质食物如面条鸡蛋汤、面条排骨汤、牛奶、酸奶等都可以。但不要大吃大喝，以免引起腹胀、消化不良、呕吐，产前吃 8 ~ 10 个鸡蛋可以增加产力的说法是不科学的。另外，产前还需要适当补水，直接喝水或喝牛奶、果汁，或吃水分比较足的水果都可以。

不宜吃的食物

临产时大块固体食物和豆类食品要少吃。大块固体食物在短时间内难以消化，如果中途转为剖宫产，大块没有消化的食物会给清胃造成一定的麻烦。豆制品（除豆浆）则是因为难消化、易产气，对顺产不利，所以不宜多吃。

今日提醒

临产前的一周应禁吃人参、黄芪等补物，人参、黄芪属温热性质的中药，产前单独服用人参或黄芪，会因为补气提升的效果而造成产程迟滞，甚至阵痛暂停。

怀孕 *274~275* 天

提前了解产程饮食安排

产程中，准妈妈的体力消耗会很大，如果进食量少，会造成营养不足，影响顺利分娩。因此在整个产程中准妈妈应加强营养。

第一产程饮食安排

第一产程由于时间比较长，一般要耗费 10 个小时左右，妈妈的睡眠、休息、饮食都会由于阵痛而受到影响，但此时正是补充产力的最佳时期。准妈妈不要因为疼痛难忍而拒绝进食，只有通过进食，身体才能储存能量，有了足够的精力和体力才能保障分娩的顺利进行。为了确保有足够的体力完成分娩，准妈妈应选择半流质或软烂的易消化食物，像热汤面、皮蛋瘦肉粥、小馄饨、面包都是很好的选择。

第二产程饮食安排

第二产程子宫收缩频繁，强烈的子宫收缩会压迫胃部，引起呕吐。加上疼痛加剧、消耗增加，更需要补充一些能迅速被消化吸收的高能量食物。此阶段的准妈妈应尽量在宫缩间歇摄入一些果汁、藕粉等流质食物。另外，巧克力这种高能量的食物也能快速补充体力。

第三产程饮食安排

第三产程时间较短，一般不超过 30 分钟，通常不会让准妈妈吃任何东西。但是，如果产程延长，可以补充糖水、果汁等，以免脱水或体力不支。

专家答疑

Q 孕晚期缺乏维生素B₁有什么危害?

A 如孕晚期维生素B₁摄入不足，易引起便秘、呕吐、气喘与多发性神经炎，还会使肌肉衰弱无力，以至于分娩时子宫收缩缓慢，产程时间延长，增加生产的困难。

为分娩补充能量的食物

马上要临产了，准妈妈们要为分娩做准备。准备一些易消化吸收、少渣、可口味鲜的食物。

巧克力 ♥

巧克力可以充当"助产大力士"，其含有大量的优质糖类，而且能在短时间内被人体消化、吸收和利用，产生出大量的热量，供人体消耗。据测定，每 100 克巧克力含糖类 53.4 克、脂肪 40.1 克、蛋白质 4.3 克，还有微量元素、维生素 B_2、铁和钙等。巧克力体积小，热量高，香甜可口，吃起来也很方便。因此，准妈妈在分娩时准备一些巧克力，以备关键时刻助自己一臂之力。

藕粉 ♥

藕粉中含有大量的淀粉，淀粉进入体内后，就会转变为糖，产生能量。

牛奶 ♥

每 100 克牛奶含蛋白质 3 克，脂肪 3.2 克，糖类 3.4 克以及钙、磷、铁、维生素等，可供热量 216 千焦。分娩期间喝点儿牛奶，既补充能量，又补充水分。

怀孕 277 天

适合孕 10 月的花样主食

临近分娩，子宫变得越来越大，压迫到了胃，导致胃的容量变得很小，所以很多准妈妈孕晚期胃口都不好。在此，我们为您推荐两道美味的花样主食。

山药红枣扁豆糕

原料

山药 200 克，扁豆 50 克，红枣 500 克，陈皮 3 克。

做法

1. 山药洗净去皮，入笼蒸熟，捣成泥。
2. 陈皮切丝；扁豆洗净切碎；红枣洗净，用刀拍破，去核切碎，入笼蒸烂，碾压成蓉。
3. 将山药泥、切碎的扁豆和红枣蓉同入盆内，和匀，放入笼屉上，做成糕，上面撒上陈皮丝，用旺火蒸 20 分钟即成。

功效

山药红枣扁豆糕具有健脾益胃、养血安胎的功效。

姜汁牛肉饭

原料

鲜嫩牛肉 150 克，大米、生姜、酱油、葱花、胡椒、芥末、植物油各适量。

做法

1. 生姜去皮洗净，榨取姜汁 20 ~ 30 滴；牛肉洗净，切碎，剁成肉糜状，加姜汁、酱油、葱花、胡椒、芥末及植物油适量拌匀备用。
2. 大米淘净，加清水适量放入蒸锅中大火蒸约 40 分钟，将姜汁牛肉倒在饭上面，铺平，续蒸 20 分钟即可。

功效

此品富含蛋白质，可祛寒健胃、补中益气，能提高准妈妈的免疫力。

怀孕 278 天

适合孕 10 月的滋养汤粥

产妇在分娩时体力消耗大，因此，分娩前期的饮食尤为重要。在此，为临产的准妈妈们推荐两款滋补汤粥，以供参考。

排骨玉米汤

原料

排骨 500 克，玉米 3 根，胡萝卜 2 根，盐、鸡精、香油各适量。

做法

① 排骨洗净后用热水余去血水，捞出沥干；玉米、胡萝卜洗净，切段备用。

② 将排骨、玉米放入锅中，加入适量清水，调入盐、鸡精、香油，加热煮沸后改中火煮 5 ~ 8 分钟；加入胡萝卜，以小火焖 2 小时即可。

功效

此菜有健脾益气、养血壮骨的作用，能有效促进乳汁的分泌。

什锦甜粥

原料

小米、大米各 100 克，绿豆、花生米、红枣、核桃仁、葡萄干各 50 克，红糖适量。

做法

① 将小米、大米、绿豆、花生米、红枣、核桃仁、葡萄干用水淘净。

② 将绿豆放入锅内加水，煮至七成熟时，加入小米、大米、花生米、红枣、核桃仁、葡萄干煮熟，再加红糖，调匀，烧开后改用小火煮至熟烂即成。

功效

红枣富含维生素 C；葡萄干有补气血、宁心神和止渴安胎的作用；核桃仁是健脑益智的食品。非常适合临产前的准妈妈食用。

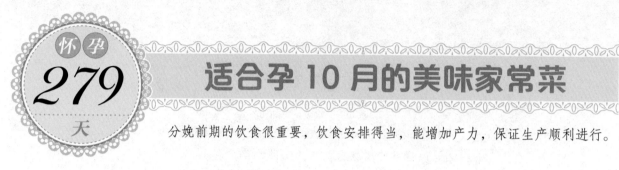

怀孕 **279** 天

适合孕 10 月的美味家常菜

分娩前期的饮食很重要，饮食安排得当，能增加产力，保证生产顺利进行。

鸡爪焖黄豆

原料

黄豆 100 克，鸡爪 250 克，桂皮、大料、香叶、花椒、盐、老抽、糖适量。

做法

① 黄豆洗净，浸泡 24 小时；将鸡爪用开水氽一下，然后切去指甲和挖掉中间的老茧，再把处理好的鸡爪用凉水冲净。

② 锅内下糖，炒到糖化，倒入鸡爪，炒出糖色，加入老抽；倒入黄豆，放入桂皮、大料、香叶、花椒，加足够的盐水，小火慢炖 30 分钟。

功效

此品具有益气安神、健脾宽中、润燥消水、养血通乳的功效。适合分娩前的准妈妈食用。

豆腐干炒菠菜

原料

菠菜 400 克，豆腐干 100 克，盐、味精各少许。

做法

① 菠菜择洗干净，切成 5 厘米长的段；豆腐干洗净，切成小片。

② 油锅烧热，先将豆腐干放入略煸，再下菠菜煸至深绿色时，加盐、味精，翻炒几下，盛入盘内即成。

功效

此菜有补血、生血之功效，很适合准妈妈产前食用。

怀孕 **280** 天

适合孕 10 月的健康饮品

距离分娩的日子越来越近了，为了给分娩储备足够的能量和水分，准爸爸不妨试着自制一些健康饮品。

圣女果汁

原料

圣女果 200 克，蜂蜜适量。

做法

① 圣女果去蒂，洗净，切小块。

② 将圣女果放入多功能豆浆机中，加凉白开水到机体水位线间，接通电源，按下"果蔬汁"启动键，搅打均匀后倒入杯中，加蜂蜜调匀即可。

功效

圣女果汁具有生津止渴、健胃消食、清热解毒、补血养血和增进食欲等多种功效。

西瓜鲜橙汁

原料

西瓜 150 克，橙子 100 克。

做法

① 西瓜、橙子去皮和籽，切小块。

② 将西瓜块、橙子块放入多功能豆浆机中，加凉白开水到机体水位线间，接通电源，按下"果蔬汁"启动键，搅打均匀后倒入杯中即可。

功效

此饮品可补充体力、促进血液循环和新陈代谢，降低胆固醇和血脂，非常适合孕晚期的准妈妈。

孕10月  每日三餐营养配餐方案

组序	早餐	中餐	晚餐
配餐方案 1	樱花津田卷 煎蛋 高汤炖蛋	经典蜜枣粽 茄子炒肉丝 双耳汤 米饭	缤纷蔬菜炒香菇 豆瓣酱烧带鱼 冬瓜排骨汤 米饭
配餐方案 2	红豆小圆子 白水煮蛋 蜂蜜瓜条	醪糟大虾 环玉狮子头 番茄鲫鱼汤 素面	啤酒煮腩肉 蒜蓉蒸丝瓜 党参黄芪红枣鸡汤 蛋炒饭
配餐方案 3	荷包蛋 酸辣萝卜丝 翡翠馄饨	香煎培根猪排 水炒鸡蛋 红枣银耳汤 米饭	茄汁黄鱼 芹菜炒双丝 竹荪鸡汤 米饭
配餐方案 4	猪肉萝卜饺子 红米豆浆 煎蛋	酸菜炖排骨 辣椒炒蛋 山笋野菌土鸡汤 扬州炒饭	蒸鱼片卷芦笋 炝黄瓜 美容猪手汤 米饭
配餐方案 5	荷叶绿豆粥 茶叶蛋 山药红枣扁豆糕	砂锅鱼头煲 豆芽菜 奶汤冬瓜 米饭	南瓜蒸排骨 辣白菜炒土豆片 山药木耳鸡汤 馒头

组 序	早 餐	中 餐	晚 餐
配餐方案 6	奶黄包 杂粮米粥 茶叶蛋	葱油茄子 鸡爪焖黄豆鸡 冬瓜汤 姜汁牛肉饭	美味醋溜白菜 孜然香煎带鱼 草莓银耳雪梨甜汤 米饭
配餐方案 7	红枣红糖吐司 煎蛋 肉末玉米羹	芝士焗红薯 啤酒肉丝 杏仁奶茶 米饭	蒜蓉西葫芦 笋烧肉 北极虾萝卜汤 米饭
配餐方案 8	蓝莓蛋糕 香蕉蛋糕卷 牛奶	芹菜豆腐 糖醋鹌鹑蛋 排骨玉米汤 馒头	豆腐干炒菠菜 酸辣脆猪皮 砂锅白菜海带汤 银丝花卷
配餐方案 9	蒸水蛋 蒜蓉烧茄子 菠菜手擀面	蒸酿大蒜 芋头红烧肉 白萝卜脊骨汤 米饭	酱菜肉末豆腐 清蒸笋鲈鱼 紫薯雪耳甜汤 米饭
配餐方案 10	尖椒茄子馅饼 什锦甜粥 豆浆	红烧豆腐 手工鱼丸 七彩发财汤 米饭	红米鱼 木瓜炖雪蛤 山药小排汤 馒头

Part 11

坐月子
注意开胃和滋补

　　宝宝已经来到了你们的身边，看着他可爱的笑脸，你是不是觉得漫长的孕期非常值得！其实，坐月子也同样重要哦！妈妈要恢复身体，要有充足的奶水，这些都离不开坐月子时的精心呵护。

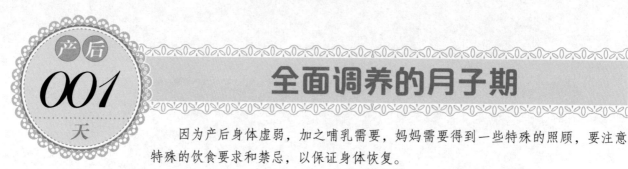

产后 001 天

全面调养的月子期

因为产后身体虚弱，加之哺乳需要，妈妈需要得到一些特殊的照顾，要注意特殊的饮食要求和禁忌，以保证身体恢复。

新生儿：可爱的小人儿 ❤

刚刚出生的宝宝皮肤红红的、凉凉的，头发湿润地贴在小头皮上，四肢羞涩地蜷曲着，小手握得紧紧的，哭声非常响亮。这一刻，这个小生命看上去十分柔弱，但却有了视、听、嗅觉、味觉，出生后半小时内他就能吮吸和吞咽母乳，出生当天，就开始排泄大小便，正在用一切可能的方式来适应刚刚来到的世界。

新妈妈：身体虚弱等待恢复 ❤

新妈妈体温多数在正常范围内，若产程延长致过度疲劳，在产后最初 24 小时体温可能略升高，一般不超过 38℃。

新妈妈产后脉搏略缓，每分钟为 60～70 次，1 周后基本可以恢复正常，不属病态。

分娩第一天，子宫就开始下降，子宫大约在产后 10 天降入骨盆腔内。产后初期，新妈妈会因为持续的宫缩而下腹部阵发性疼痛，这是"产后宫缩痛"，一般在 2、3 天后会自然消失。

分娩时出血多，加上出汗、腰酸、腹痛，非常耗损体力，气血、筋骨都很虚弱，此外，激素的改变使新妈妈容易患产后抑郁，因此，产后需要一段时间的调补、适应，恢复身心。坐月子正是进行身心恢复的良好时机，身体基本恢复需要 6～8 周时间。

重点关注：新妈妈的身体康复 ❤

新妈妈和新生儿现在都是全家的重点保护对象。这个时候的新妈妈刚从生产的阵痛中解脱出来，身体很虚弱，需要合理补充营养，促进身体复原。新生儿的身体也会继续生长发育，他的生长动力来源于新妈妈的乳汁。乳汁的质量决定着宝宝的健康，所以这个时候的新妈妈一定要积极科学地补充营养，为宝宝的健康生长加足马力。

新妈妈的营养饮食指导

因为产后身体虚弱，加之哺乳需要，新妈妈需要得到一些特殊的照顾，并有一些特殊的饮食要求和禁忌，以促进身体恢复。

少食多餐

新妈妈胃肠功能弱，食量与孕期相同或稍增即可，每天餐次可达5、6次。

以食物补水

由于产后出汗较多，而体内又有大量孕期增加的水分需要排出，新妈妈不宜直接大量饮水，食物中的水分是最好的补充，可多喝营养丰富的汤或粥，还可饮用果汁、牛奶。

食物需易于消化

月子期，照顾到新妈妈肠胃的状况，饭要煮得软一点。

吃营养价值高的食物

产后5天之内，新妈妈的食物应以米粥、软饭、蛋汤等清淡软食为主，一周后胃纳正常，则需要吃些营养价值高的食物，尤其是蛋白质、钙、铁含量比较丰富的食物，如鱼、肉、鸡蛋、牛奶、少量动物肝脏、豆制品、鸡汤、鲫鱼汤、猪蹄汤等。

蔬菜、水果不可少

必须摄入蔬菜、水果，从可进食正常餐食开始，新妈妈每天至少吃1个水果，蔬菜每顿饭都应吃一些。

不可禁盐

产后，食物中应该适量放一些盐，一来可增加饭菜的滋味，二来也可避免出汗过多造成身体脱水，适当的盐对身体恢复及乳汁分泌都有好处。

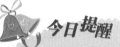 今日提醒

刚刚分娩的新妈妈往往不想吃东西，这时不必勉强进食，多喝点流质饮食也有利于恢复体力。

制订月子餐的原则

新妈妈刚生完宝宝身体很虚弱，不能一味地进补。要分阶段，并根据个体情况，一边调理一边进补。

营养丰富

新妈妈产后所需要的营养并不比怀孕期间少，尤其要吃含蛋白质、钙、铁比较丰富的食物，如牛肉、鸡蛋、牛奶、动物肝和肾，以及豆类和豆制品。婴儿的生长发育较快，正处在身高、体重的急增阶段，仍然需要母体供应大量的钙、铁等元素，因此，新妈妈就必须进食富含钙、铁等微量元素的食物，以提高乳汁中微量元素的含量。

干稀搭配

新妈妈应多吃鸡汤、猪蹄汤、鱼汤、馄饨、面条（面片、面疙瘩）、粥类等稀软的饮食，一方面可增加水分的供应，以补充新妈妈分娩时、产后多汗所损失的水分；另一方面，可防止产后便秘，为泌乳提供有力保证。

荤素搭配

即饮食要结合鱼、肉、禽、蛋等动物蛋白、植物蛋白（豆制品）、蔬菜水果。鸡蛋虽含有丰富的蛋白质，但一般新妈妈每天吃2个就足够了。超量食用鸡蛋不但是一种浪费，而且会增加肠胃的负担，易引起消化不良。水果、蔬菜对新妈妈也是十分有益的，其中所含的维生素不但是母体必需的，可以促进乳汁的正常分泌，给宝宝充足乳汁。饭后可吃1个水果，如苹果、橘子等。

粗细搭配

主食也不是吃得越精越好，而是在主食中一定要适当加些粗粮，如玉米窝头、煎饼、小麦（包括麦片）粥、小米稀饭、烤红薯等，以满足身体对维生素、纤维素等的需要。

吃好产后"第一餐"

刚刚生产完毕的新妈妈，处于调节身体的阶段，同时还要将体内的营养通过乳汁输送给宝宝，所以营养的需求比怀孕时还多，因此"产后第一餐"非常重要。

宜选流质食物 ♥

产后第一餐应首选易消化、营养丰富的流质食物。糖水煮荷包蛋、蒸蛋羹、冲蛋花汤、藕粉等都是很好的选择。

宜补充铁质 ♥

新妈妈在生产时，由于精力和体力消耗非常大，加之失血，产后还要哺乳，需要补充大量铁质丰富的食物。花生红枣小米粥非常适合产后第一餐食用，不仅能活血化瘀，还能补血，并促进产后恶露排出。

适量摄入牛奶和汤类 ♥

还应注意的是，哺乳的新妈妈每天所需总热量大约比孕前多出 1/3，而产后的前几天，正是为顺利哺乳打基础的时候。生产时失血、流汗损失大量体液，因而在补铁的同时，可以适当喝一些温热的牛奶或鸡蛋蔬菜汤。

不哺乳的新妈妈只需合理配餐 ♥

母乳是宝宝最理想的食物，但患有严重的心脏病、肾脏病、糖尿病、精神病，以及传染性疾病，或体质过于虚弱的新妈妈不宜进行母乳喂养，以免增加母体的负担，并影响宝宝的健康。在饮食上，这些不能进行哺乳的新妈妈无需补充过多的营养，只需稍注意营养合理配餐即可。

产后
005
天

剖宫产妈妈产后饮食

剖宫产妈妈的产后恢复会比正常分娩的妈妈慢些。剖宫产的新妈妈对营养的要求比自然分娩的新妈妈更高。

产后 6 小时内：禁食

手术使得肠道功能受到抑制，肠腔内有积气，术后会有腹胀感，且麻醉药药效尚存，全身反应低下，为避免引起呛咳、呕吐，应暂时禁食，若口渴，可间隔一定时间喝少量水。

产后 24 小时内：进少量流食

产后 6 ～ 24 小时可以适当进食一些帮助排气的汤水，如萝卜汤等，这段时间以米粉、藕粉、果汁、蛋花汤等流质食物为主，促进排气，但要少吃黄豆、豆浆、薯类食物。

产后 24~48 小时内：清淡、纤维丰富的食物

此时多数新妈妈已经排气，肠胃功能逐渐恢复，可以吃粥类、鱼汤等。排气前不能吃一般性的食物，如煮鸡蛋、炒菜、肉块、米饭等，不能吃甜食，包括巧克力、红糖水、甜果汁、牛奶等，

以免加重腹胀。

产后 2~3 天：半流质的食物

排气后 1 ～ 2 天内可改进半流食，如蒸蛋羹、稀饭、面条等，注意少吃多餐，多饮水，缓解便秘与水肿。

产后 4~7 天：逐渐改为普通饮食

这时可以像自然分娩的新妈妈一样进食了，注意饮食不要太油腻，多吃蔬菜，多吃高蛋白食物，如蛋、鱼、肉等，以促进伤口愈合。产后 1 周，可以适当吃些催乳的食物，比如鲫鱼汤、猪蹄汤、排骨汤等。

水，产后的第一补品

母乳中近九成是水，因此新妈妈哺乳时会经常感到口渴。为了使母乳分泌充沛，应注意水分的补充。

喝水的益处 ❤

产后适量喝水能让妈妈们的皮肤恢复得更好，而且多喝水能帮助妈妈排出毒素，防止便秘。

补水的方法 ❤

单纯的喝白开水，水分容易流失，如果在白开水中加入少许盐，水分就不会那么容易流失了。白天喝点盐水，晚上则喝蜂蜜水，这既是补充水分的好方法，又是养生、延缓衰老的良方，一举两得。另外，果汁、牛奶、汤等都是较好的选择。补充水分还有助于缓解疲劳、排泄废物、使乳汁充足。

喝水的时间有讲究 ❤

每天的饮水量不要少于 1000 毫升，一天中有 3 个时间一定要喝水。

• 早晨起床时喝水，既可以补水，又促进毒素排出。因为起床时所喝的水有 10% 被大肠吸收，90% 被小肠吸收，但起床一段时间后，所喝的水就只能被小肠吸收，而不能被大肠吸收了。

• 下午 3:00 左右喝水，这个时间中医认为是膀胱经最活跃的时间，所以要多喝水。

• 晚上 9:00 左右喝水，这时是人体免疫系统活跃的时间，及时补充水分很必要。

产后
007
天

产后第一周食谱推荐

分娩的过程让新妈妈能量消耗较大，产后需要摄取的营养也比较多。在此，为新妈妈推荐几款食谱。

小米鸡蛋红糖粥

原料

小米 100 克，鸡蛋 3 个，红糖适量。

做法

① 将小米清洗干净，然后在锅里加足清水，烧开后加入小米。

② 待煮沸后改成小火熬煮，直至煮成烂粥。

③ 再在烂粥里打散鸡蛋、搅匀，稍稍煮后放入红糖即可食用。

功效

小米营养丰富，是产后补养的佳品。与鸡蛋、红糖一起食用，可以补脾胃，益气活血，适用于产后虚弱、口干口渴、恶露不尽者。

乌鸡白凤汤

原料

净乌鸡 1 只（约 500 克），白凤尾菇 50 克，黄酒、葱、姜、盐各适量。

做法

① 清水煮至 90℃左右，见四周冒水泡时，加入一匙盐，浸入鸡，烫去血水，用水冲洗干净。

② 清水加姜片放入鸡，加上黄酒、葱结煮沸，用小火焖煮至酥烂，放入白凤尾菇，盐调味后煮沸 3 分钟起锅即可。

功效

乌骨鸡滋补肝、肾的效用较强，可养益精髓、下乳增乳，有产后补益之功、增乳之效。

山药汤

原料

鸡杂 50 克，山药 100 克，干蘑菇、油炸鱼丸子、韭菜各 20 克，胡萝卜、海带各 10 克，盐、黄酒、酱油各适量。

做法

① 将鸡杂切成一口大小；干蘑菇浸泡后切丝；将胡萝卜去皮，切成长方形薄片；油炸鱼丸子过水去油后，切成长方形薄片；将韭菜洗净，切成约长 3 厘米的段。

② 将山药去皮，在研钵中捣碎。

③ 洗净海带，切成段，连水一起倒入锅中，然后加入鸡杂及蘑菇，煮一会儿后将海带取出，加入胡萝卜，再煮一会儿后加入酒、盐及酱油调味，放入油炸鱼丸子。

④ 用筷子将捣碎的山药泥一勺一勺放入锅中，煮一会儿后关火，最后放进韭菜，用汤碗盛装即可食用。

功效

此品健脾开胃、调中养肝、补益脏腑、生精养血，帮助产后新妈妈增进食欲。

花生红枣莲藕汤

原料

猪骨 200 克，莲藕 150 克，花生 50 克，红枣 10 粒，生姜 1 块，盐适量，鸡粉、料酒各少许。

做法

① 将花生洗净；猪骨洗净，剁开；莲藕去皮，切成片；红枣洗净；生姜切丝。

② 锅中放入适量清水，烧开，然后放入猪骨，用中火煮尽血水，捞起用凉水冲洗干净。

③ 将猪骨、莲藕、花生、红枣、姜丝、料酒一同放入炖锅中，加入适量清水，加盖炖约 2.5 小时，调入盐、鸡粉，即可食用。

功效

花生衣、红枣、莲藕等食物都具有止血补血的功效。

产后 008 天

月子期间不宜吃哪些食物

科学的月子饮食需要注意规避下面这些不宜吃的食物。

🍼 生冷硬的食物 ❤

分娩后吃硬食容易伤害牙齿，吃生食容易引起感染，吃冷食则会刺激口腔和消化道，所以生冷硬的食物都不要吃。吃水果时，可以先用热水温一下。像黄瓜、番茄、生菜、白萝卜这类可以生吃的蔬菜也要加热后再吃。

🍼 寒凉食物 ❤

由于产后身体气血亏虚，应多食用温补食物，以利气血恢复。若产后进食寒凉食物，容易导致脾胃消化吸收功能障碍，并且不利于恶露的排出和瘀血的去除。

🍼 辛辣刺激性的食物 ❤

辛辣食物如辣椒、胡椒等容易伤津耗气损血，加重气血虚弱，并容易上火，导致便秘，吃这些食物后新妈妈分泌的乳汁对宝宝也不利。浓茶、咖啡、酒精等刺激性食物会影响睡眠及肠胃功能，亦对宝宝不利。

🍼 有回奶作用的食物 ❤

有些食物有回奶作用，如大麦（大麦茶）、韭菜、麦乳精等，母乳喂养的新妈妈不宜食用。

🍼 补血补气的中药 ❤

人参、桂圆、黄芪、党参、当归等补血补气的中药最好等产后恶露排出后再吃，否则可能会增加产后出血。桂圆中含有抑制子宫收缩的物质，不利于产后子宫的收缩恢复，不利于产后瘀血的排出。

产后 **009** 天

月子里适合吃的食物

为了恢复体力和准备哺乳、育儿，应尽早开始正常饮食，多吃营养价值高的食物。下面的几种食物是不可或缺的月子食物。

小米粥

小米粥是月子里必吃的食物，其营养优于精粉和大米。同等重量的小米含有的铁比大米高1倍，维生素 B_1 比大米高 $1.5 \sim 3.5$ 倍，维生素 B_2 比大米高1倍，纤维素含量比大米高 $2 \sim 7$ 倍。

面汤

最适宜新妈妈食用，既可下挂面，又可做薄面片、细面条汤。汤品对新妈妈产后身体的恢复是有很大好处的。

鸡蛋

蛋白质及铁含量较高，且容易被人体吸收利用，对新妈妈身体康复及乳汁的分泌很有好处。有些地方的人甚至在"坐月子"的这1个月内只吃鸡蛋这一种食物，但这是不恰当的，单一的食物营养并不全面。

牛奶

含有丰富的蛋白质和钙、磷及维生素D等，是补充钙质的好食物，对产妇健康的恢复及乳汁分泌很有好处。

鱼、肉

鱼和肉是动物性蛋白质的主要来源，含较丰富的氨基酸，这对宝宝身体的发育成长十分重要。

大豆及豆制品

大豆及其制品是经济、优质的植物性蛋白质来源。

薯类

薯类含B族维生素、维生素C较丰富，又是热能之源。

产后这样吃肉不发胖

很多新妈妈担心吃肉会发胖，影响身材恢复，都不敢吃肉。其要，只要遵循4大原则，新妈妈完全不用担心吃肉长胖。

原则一：低脂、高蛋白是首选 ♥

再瘦的猪肉里也会隐藏很多你看不到的脂肪，而鸡肉、鱼肉也要选对部位。同样的肉，不同的部位，因为脂肪含量不一样，热量也不一样。因此吃哪块肉非常关键。比如鸡翅尖多是鸡皮和脂肪，热量就比鸡胸肉高。而且鸡翅尖是鸡全身激素密度最高的部位之一，常食鸡翅尖对减肥无益。

原则二：用文火长时间炖煮 ♥

肉用文火长时间炖煮后，饱和脂肪酸会下降30%～50%，每100克肥肉中胆固醇含量可由220毫克降到102毫克，新妈妈适当吃肉不仅不会发胖，相反还会增加皮肤弹性。

原则三：肉菜结合 ♥

肉是酸性食物，蔬菜是碱性食物，吃肉时吃些蔬菜，既可调节口味，荤素结合，也容易被消化吸收。

原则四：汤肉共进 ♥

对新妈妈来讲，肉汤更不可少，有人认为，肉汤的营养主要在汤里，其实不然，肉汤的营养主要在肉中，汤肉共进，不仅节约，而且也科学。

今日提醒

产后新妈妈元气大伤，需要适当进食一些高蛋白食物，如鸡、鱼、瘦肉、蛋、奶等。但如果新妈妈在坐月子期间，尤其是在吃得多动得少的冬季大量进补，很容易造成营养过剩，反而不利于体形的恢复。

产后 011~012 天

不同的体质不同的补养

产后，新妈妈应根据自己的体质特点，在月子里进行恰当的补养，使身体快速复原。

寒性体质的新妈妈 ♥

●特点：面色苍白，怕冷或四肢冰冷，大便稀软，尿频且量多，易感冒。

●饮食调养：这类新妈妈肠胃虚寒、气血循环不良，应以温补的食物为主，如四物汤、十全大补汤等。饮食不能太油腻，以免发生腹泻。可以选择荔枝、桂圆、苹果、草莓、樱桃、葡萄等，不宜食用寒凉的瓜果，如西瓜、木瓜、柚子、梨、杨桃、橘子、番茄、香瓜、哈密瓜等。

热性体质的新妈妈 ♥

●特点：面红目赤，怕热，四肢或手足心热，口干或口苦，大便干硬或便秘，尿量少、颜色黄且有难闻的味道，皮肤易长痤疮。

●饮食调养：这类新妈妈宜多吃香油鸡，也宜选用山药、黑糯米、鱼汤、排骨汤、丝瓜、冬瓜、莲藕等，以免上火。可以吃些橙子、草莓、樱桃、葡萄等，但不宜多吃荔枝、桂圆等。

中性体质的新妈妈 ♥

●特点：不热不寒，不特别口干，无特殊常发作之疾病。

●饮食调养：这类新妈妈饮食较自由，可以食补与药补交叉进行。如果补了之后口干、口苦或长痘子，就停一下药补，吃些较降火的蔬菜，也可以喝一小杯不冰的纯柳丁汁（橙汁）或纯葡萄汁。

产后 013~014 天

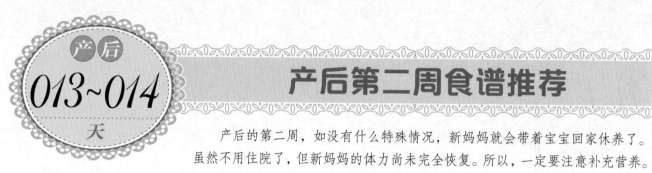

产后第二周食谱推荐

产后的第二周，如没有什么特殊情况，新妈妈就会带着宝宝回家休养了。虽然不用住院了，但新妈妈的体力尚未完全恢复。所以，一定要注意补充营养。

黑米红豆粥

原料

黑米、红小豆适量各 100 克，白糖适量。

做法

1. 把黑米、红小豆混合在一起，用清水洗净，放入锅中。
2. 锅中放入适量清水，大火煮开 10 分钟，然后转小火，再煲 2 小时。
3. 煲好以后，趁热盛到碗里，加适量白糖即可食用。

功效

此粥气血双补，滋阴暖肝，有助于产后平衡生理机能。

虾仁馄饨汤

原料

虾仁、猪瘦肉各 50 克，胡萝卜 3 片，馄饨皮 8 片，香菜、葱末、料酒、盐、高汤、香油各适量。

做法

1. 将虾仁、瘦肉、胡萝卜分别洗净，剁成碎末，混合到一起，加入料酒、盐拌匀。
2. 把调好的馅料分成 8 份，包进馄饨皮中。
3. 锅内加清水烧开，下入馄饨煮熟。
4. 锅内加高汤煮开，放入煮熟的馄饨，撒上香菜及葱末，滴入香油即可。

功效

本汤含大量的蛋白质和钙，既能促进泌乳，又能提高乳汁的质量。

什锦豆腐

原料

豆腐 200 克，瘦猪肉、火腿、笋尖各 25 克，虾、鸡肉、干冬菇、海米、猪油、葱花、姜末、料酒、酱油、肉汤、味精各适量。

做法

1. 将冬菇用水发好，和猪肉、鸡肉、笋尖、火腿一起均切成片。
2. 将豆腐蒸一下，取出后切成方块。
3. 将油放入锅中上火，待锅热，把姜末、虾放入锅中炒一下，之后立即放入豆腐和切好的肉片、鸡片、火腿片、笋片及海米，略煮一会儿，倒入酱油、料酒略炒，加入肉汤待烧开后倒入砂锅内，放在小火上约煮十余分钟，再加入盐、味精调味即可。

功效

本品补气生血、健胃益肺、润肤护肤、养肝健胃，能促进新妈妈身体康复，对有贫血（含铁量高）、各种出血症、结核病的新妈妈更为适宜。

竹荪莲子猪心

原料

竹荪 3 克、猪心 250 克、莲子 10 克、米酒精华（或饮用水）600 毫升、黑芝麻油 15 毫升、带皮老姜 25 克。

做法

1. 将猪心洗净，切成 3 毫米厚的片；莲子洗净，去莲心；将竹荪泡软沥干待用。
2. 水煮开后，余烫猪心去血水；竹荪余烫备用。
3. 热锅后往锅中倒入黑芝麻油，以文火把姜爆炒成金黄色，转成大火放入猪心快炒；加入米酒精华（或饮用水）一起炖煮。
4. 加入莲子、竹荪，煮到猪心熟烂，加盐调味后熄火，趁热享用。

功效

猪心补心补血；竹荪补气养阴、清热利湿，且保护肝脏，消除多余脂肪；莲子清心补脾、强心安神明目。能帮助新妈妈改善睡眠、养心安神、调节肠胃，坐月子的每一阶段皆可食用。

产后 015 天

蛋白质，身体修复的奇兵

坐月子的中后期，新妈妈最常用鸡汤、烧酒鸡、鲈鱼汤等。这些食物含有丰富的蛋白质，可以加速伤口愈合、恢复体力。

蛋白质的摄入要充足

新妈妈哺乳需要摄入充足的蛋白质，一般每天要摄入 90 ~ 95 克蛋白质。

一般来说，鱼虾类蛋白质比肉类要好，肉类中白肉比红肉好。新妈妈尽量不要吃可能用激素人工喂养的禽畜肉类，而应吃天然的食品。

蛋白质的摄入要均衡

不要只选择一种食物吃。除了鸡、鱼、瘦肉、动物肝等，还可以适量食用牛奶、豆类。多利用食物互补的特点，只要方法正确，吃荤或是吃素都可得到均衡的营养，摄取到足量的蛋白质。

吃鸡蛋并非越多越好

鸡蛋营养丰富，且富含优质蛋白。坐月子期间可常用鸡蛋补充营养，但吃鸡蛋并非越多越好。新妈妈产后数小时内最好不要吃鸡蛋。因为分娩时体力消耗大，出汗多，体内体液不足，消化能力随之下降，若立即吃鸡蛋，难以消化吸收，增加肠胃负担。有些新妈妈为了加强营养，一天吃多个鸡蛋，这对身体并无好处，新妈妈每天吃 2 个鸡蛋就够了。

产后 **016** 天

新妈妈饮食美肤计划

如何才能让新妈妈的肌肤恢复从前的弹性，保持肌肤的光洁、润泽呢？饮食可以来帮忙。

常吃富含维生素的食物 ❤

• 维生素 E：维生素 E 可以帮助皮肤抗衰老。因为维生素 E 能够破坏自由基的化学活性，从而抑制衰老。富含维生素 E 的食物有卷心菜、葵花籽油、菜籽油等。

• 维生素 A：当人体缺乏维生素 A 时，皮肤会变得干燥、粗糙有鳞屑。动物肝脏、鱼肝油、牛奶、禽蛋及橙红色的蔬菜和水果富含维生素 A。

• 维生素 B_2：维生素 B_2 具有保持皮肤光泽的功效，它可以预防皮肤出油、毛孔粗大等。富含维生素 B_2 的食物有肝脏、禽蛋、牛奶等。

注意碱性食物的摄入 ❤

鱼、肉、禽、蛋、粮谷等均为酸性食物。大量食用酸性食物会使体液和血液中乳酸、尿酸含量增高。当有机酸不能及时排出体外时，就会侵蚀敏感的表皮细胞，使皮肤失去细腻和弹性。为了中和体内酸性成分，新妈妈应吃些碱性食物，如苹果、梨、柑橘和各种蔬菜。

多吃富含胶原蛋白的食物 ❤

胶原蛋白是肌肤中的主要成分，占肌肤细胞中蛋白质含量的 71% 以上，因此新妈妈多补充胶原蛋白，可以使细胞变得丰满，使肌肤充盈有弹性。含胶原蛋白的食品主要有肉皮、猪蹄、牛蹄筋、鲜鱼等。午餐的时候，可多吃这些含有丰富的胶原蛋白的食物。

多喝水 ❤

人体组织液里含水量达 72%，成年人体内含水量为 58% ~ 67%。当人体水分不足时，会出现皮肤干燥，皮脂腺分泌减少，从而使皮肤失去弹性，甚至出现皱纹。为了保证水分的摄入，每日饮水量应为 1200 毫升左右。正确的喝水习惯会使新妈妈的皮肤更有弹性。

避免影响乳汁分泌的食品

产后 017 天

新妈妈在喂母乳期间，为了自身及宝宝的健康，应避免摄取会影响乳汁分泌的食品。

影响泌乳的食物

会抑制乳汁分泌的食物，如韭菜、麦乳精、麦芽水、人参等食物。

影响泌乳的调味料

太过刺激的调味料，如辣椒等，哺乳妈妈应加以节制。

酒

一般而言，少量的酒可促进乳汁分泌，对婴儿亦无影响；过量时，则会抑制乳汁分泌，也会影响子宫收缩，故应酌量少饮或不饮。

咖啡

会使人体的中枢神经兴奋。正常人1天最好都不要超过3杯咖啡。虽无证据表明它对婴儿有害，但对哺乳的妈妈来说，应有所节制地饮用或停饮咖啡。

香烟

如果哺乳妈妈在喂奶期间仍吸烟，尼古丁会很快出现在乳汁当中被宝宝吸收。

研究显示，尼古丁对宝宝的呼吸道有不良影响，因此，哺乳妈妈最好戒烟，并避免吸入二手烟。

药物

对哺乳妈妈来说，虽然大部分药物在一般剂量下，不会让宝宝受到影响，但仍建议哺乳妈妈在自行服药前，要主动告诉医生自己正在哺乳，以便医生开出适合服用的药物，并选择持续时间较短的药物，把通过乳汁对宝宝产生的影响降到最低。

产后不挑食胜过"大补"

新妈妈不要忌口或挑食，应充分摄入五谷杂粮、鸡鱼肉蛋、新鲜蔬菜和各种水果。一般只要不挑食，不偏食，也就不需要过多地"进补"。

主副食种类要多样化 ♥

新妈妈不能只吃精米精面，还要搭配杂粮，如小米、燕麦、玉米粉、糙米、赤小豆、绿豆等。这样既可保证各种营养的摄取，还可使蛋白质起到互补的作用。

要多吃蔬菜水果和海藻类 ♥

产后不吃或少吃蔬菜水果的习惯应该纠正。新鲜蔬菜和水果中富含丰富维生素、矿物质、果胶及足量的膳食纤维。海藻类可提供适量的碘。这些食物既可增加食欲、防止便秘、促进乳汁分泌，还可为新妈妈提供必需的营养素。

别忘吃含钙铁食物 ♥

哺乳妈妈对钙的需求量很大，需要特别注意补充。另外吃一些含铁的食物，如动物血或肝、瘦肉、鱼类、油菜、菠菜及豆类等，可防止产后贫血。

多渠道补充蛋白质 ♥

蛋白质的功能的确是其他营养素所无法取代的，但是新妈妈不一定要天天大鱼大肉补充蛋白质。肉类、乳酪与鱼类、坚果类、蛋类、谷物类、豆类、牛奶等都富含蛋白质，新妈妈可以通过很多方式补充蛋白质。

今日提醒

月子期间营养不仅充足，还应多样，需要想办法使每日膳食能多种多样。新妈妈可选用品种、形态、颜色、口感多样的食物，并进行同类互换。

产后 020~021 天

产后第三周食谱推荐

从产后第三周开始，新妈妈的体力会大大恢复，心情也随之轻松了起来。这时候，饮食仍然很重要，

鲜蘑蛋白

原料

罐头鲜蘑 12 个约 100 克，鸡蛋清 2 个，菜叶 5 片，盐、味精各适量。

做法

① 将蛋清放入碗中，加 1 克盐搅打散开。取几个汤匙，抹上一层薄薄的油，蛋清分别在匙内摊平，每个汤匙中摆上一个鲜蘑，上笼蒸 3 分钟左右取出，凉后将汤匙中的蛋清一一磕出。

② 锅放炉火上，放入食油烧热，下菜叶炒几下，加入罐头鲜蘑水 150 克、盐、味精、蛋白、鲜蘑，烧开后盛入汤盘即成。

功效

此品能养胃润肺、清热生津、生血益气，产后食用可防治大便干结。

姜丝麻油煎鸭蛋

原料

鸭蛋 2 个，姜丝、胡麻油、盐各适量。

做法

① 取平底锅一只，生火后倒入适量麻油，候锅烧热，放入姜丝炒热。

② 另取锅，倒入适量麻油，热锅后，把鸭蛋 2 个分别敲破放入，用煎匙弄开蛋黄，呈圆饼状。

③ 然后把炒好的姜丝分成 2 份，连同少许的盐，倒在 2 个蛋黄上面，用煎匙合起来，如荷包蛋一样，连翻 2 ~ 3 次即可。

功效

姜性温和而无毒性，能去秽恶、散郁结，并促进乳汁分泌。麻油性温和，能通血液，解除百毒。鸭蛋含有丰富的蛋白质。

冰糖银耳汤

原料

水发银耳 250 克，山楂糕 25 克，冰糖、糖桂花各适量。

做法

① 将银耳择洗干净，切成小片。

② 将冰糖放入盆内，加开水溶化后倒入锅中，再加 500 克水，烧开后撇去浮沫，倒入砂锅内，放入银耳、山楂糕片，移至微火上煨，倒入大碗内，加入糖桂花，搅匀即成。

③ 如不用砂锅煨，可将银耳放入一个大碗内，加糖水及 500 克水，上笼蒸烂，其效相同。

功效

此汤有补益虚损，促进恶露排出及子宫复旧等功能，并可开胃消食、增进食欲。对产后腹痛有一定的缓解作用。

肉末蒸蛋

原料

鸡蛋 3 个，猪肉 50 克，葱末、淀粉、酱油、盐、食用油各适量。

做法

① 将鸡蛋打入碗内搅散，放入盐、味精、清水（适量）搅匀，上笼蒸熟。

② 选用三成肥、七成瘦的猪肉剁成末。

③ 锅放炉火上，放入食用油烧热，放入肉末，炒至松散出油时，加入葱末、酱油、味精及水（适量），用淀粉用水调匀勾芡后，浇在蒸好的鸡蛋上面即成。

功效

鸡蛋及猪肉均有良好的养血生精、长肌壮体、补益脏腑之效。

新妈妈喝汤有讲究

月子里，家里人都免不了要给新妈妈做些美味可口的菜肴，要炖一些营养丰富的汤。但是，很多人不知道喝汤也是有一些讲究的。

喎 喝汤勿过早 ♥

有的人在宝宝呱呱落地后就给新妈妈喝大量的汤，希望尽早催乳，使乳汁分泌增多。这时宝宝刚刚出世，胃的容量小，活动量少，吸吮母乳的能力较差，吃的乳汁较少，如有催乳，可能使过多的乳汁瘀积，导致乳房胀痛难忍。

另外，新妈妈乳头比较娇嫩，很容易发生破损，一旦感染细菌，就会引起急性乳腺炎，乳房出现红、肿、热、痛，甚至化脓使新妈妈很痛苦，影响正常哺乳。因此，新妈妈喝汤一般应在分娩一周后逐渐加量，以适应宝宝进食量渐增的需要。

喎 做汤勿过浓 ♥

有人给新妈妈做汤，认为越浓、脂肪越多营养就越丰富，特别喜欢做含有大量脂肪的猪脚汤、肥鸡汤、排骨汤等，实际上这样做很不科学。因为新妈妈吃过多高脂肪食物，会增加乳汁中脂肪的含量。宝宝不能很好吸收高脂肪乳汁，容易引起腹泻，以致损害宝宝的健康。

喎 营养需均衡 ♥

新妈妈如果食用过多高脂肪食物，很少食用含纤维素的食物，会发胖。所以，应多喝含蛋白质、维生素、钙、磷、铁、锌等较丰富的汤，如精肉汤、鲜鱼汤。同时也应摄入蔬菜和水果，以满足母体和宝宝的营养需要。多食用含纤维素的食物，还可防治产后便秘。

产后 023 天

产后饮食讲究阶段性

新妈妈产后应根据自身生理特点分阶段进补，严禁产后立刻大吃大喝，盲目地进补。

第一周：口味要清爽 ♥

不论是哪种分娩方式，新妈妈产后最初几日会感觉身体虚弱、胃口比较差。如果这时强行吃下油腻的"补食"只会让胃口差。在产后的第一周，可以吃些清淡的荤食，如肉片、肉末、牛肉、鸡肉、鱼等，配上时鲜蔬菜一起炒，营养均衡。橙子、柚子、猕猴桃等水果也有开胃的作用。本阶段的重点是开胃而不是滋补，胃口好，才会食之有味，吸收好。

第二周：调理气血 ♥

进入月子的第二周，妈妈的伤口基本上愈合了。经过上一周的精心调理，胃口应该明显好转。这时可以尽量多食补血食物，调理气血。苹果、梨、香蕉既能减轻便秘症状又富含铁质，动物内脏更富含多种维生素，是完美的维生素补剂和补血剂。

第三周：催奶好时机 ♥

妈妈的产奶节律开始日益与宝宝的需求合拍，这时新妈妈应当保持孕期养成的每日喝牛奶的良好习惯，多吃新鲜蔬菜水果。总之吃得好，吃得对，既能让自己奶量充足，又能修复元气且营养均衡不发胖，这是新手妈妈月子饮食的较理想状态。

第四周：月子餐花样翻新 ♥

高热量、高蛋白的月子餐或许让你有些头疼。从这周起，我们可以给菜单加更多花样，多吃些含丰富维生素的蔬菜，排毒防便秘，有利于精神恢复。

第五至六周：巩固月子成果 ♥

到了第五至六周，千万别松懈！这是新妈妈迈向正常生活的过渡期，更应注重饮食，补充气血、改善体质。

产后 024 天

素食妈妈如何科学搭配月子餐

素食主义的妈妈月子餐更需要科学搭配，以保证营养全面。

❧ 素食饮食有优点 ♥

• 健康素食有三低，胆固醇低、脂肪低、热量低，妈妈方便控制体重，不像荤食饱和性油脂高，妈妈吃了胖了自己也胖了宝宝。

• 素食抗氧化成分高，对抗老化有帮助。

• 坚果类、橄榄油、芥花油、苦茶油等好油富含 ω−3 不饱和脂肪酸，可降低罹患心血管疾病的风险，降低产后忧郁症的发生。

❧ 产后素食的吃法建议 ♥

• 首先要满足体内蛋白质的供给量。日常生活中可以增加蛋白质的食品来源，比如全谷类（包括麦芽）、干豌豆、小扁豆、豆制品（包括豆腐）、坚果和坚果油，只要每天都摄取了足够的蛋白质或者是每天都坚持喝奶（牛奶和豆浆都可以），或者吃奶制品，就不会缺乏营养了。

• 其次，要补充能量和热量。应常吃含一定热量和能量的食品，如豆类、奶、蛋、五谷、油脂类（天然植物油）、蔬菜类（尤其是根茎类蔬菜）、水果类（多种水果都要摄取）。

• 特意补充有隐患。部分妈妈会在坐月子时吃珍珠粉或鱼油、钙片等，营养学专家叮咛，刻意增加某种营养成分反而会造成身体的负荷，如维生素 A 摄取太多，容易造成肝肿大；铁剂摄取过量者，轻则便秘，严重者则有可能造成肝硬化。所以每天正常饮食就足够了。

经常吃蔬菜、水果对新妈妈有益

传统习俗认为：产后妈妈脾胃虚弱，月子里不能吃蔬菜水果，生冷的蔬菜水果会影响肠胃，还可能伤了牙齿。其实，产后多吃蔬菜水果对妈妈更有益。

🍼 产后新妈妈为什么要吃蔬果 💜

• 产后由于哺乳的需要，各种维生素的需要比平时增加1倍以上，其中维生素C每日需要150毫克。因为维生素C可以保持血管壁和结缔组织健康致密，并有止血和促进伤口愈合的作用。维生素C在新鲜蔬菜和水果中含量很丰富。

• 蔬菜和水果还含有较多的膳食纤维，膳食纤维不能被人体直接消化、吸收，但它吸水性强，在肠胃里体积增大，可促进肠胃蠕动，有利于排便通畅，并且能防止废物在肠道存留过久。

• 对于产后哺乳的新妈妈来说，身体恢复以及乳汁分泌除了需要维生素外，还需要很多矿物质，而蔬菜水果的矿物质含量相对丰富，尤其是钙和铁，其他矿物质如钾、镁、锌、碘也很丰富。

🍼 产后吃蔬果的注意事项 💜

产后吃蔬菜水果要注意的几点

• 采取循序渐进的方法，慢慢增加水果蔬菜的量。

• 不要吃过凉的蔬菜和水果。

• 注意清洁卫生，蔬菜要洗净，水果要去皮后食用。

• 水果和蔬菜有共同之处，又各有特点，两者不能互相替换。蔬菜是维生素和矿物质的主要来源，可以每餐食用；水果只可以作为一种辅助手段，每天或者隔天吃一些都是可以的。

产后第四周食谱推荐

为了保证新妈妈自身的健康和小宝宝发育的需要，新妈妈还得注意饮食的营养。下面推荐几款滋补佳肴。

莴苣猪肉粥

原料

莴苣30克，猪肉150克，粳米50克，盐、酱油、香油各适量。

做法

① 将莴苣去杂，清水洗净，用刀切成丝。

② 把猪肉洗净，切成末，放入碗内，加少许酱油、盐腌制10～15分钟，待用。

③ 将粳米淘洗干净，直接放入锅内，加清水适量，置于炉火上煮沸，加入莴苣丝、猪肉末，转文火煮至米烂汁黏时，放入盐及麻油，稍煮片刻后即可食用。

功效

此粥益气养血，生精下乳，益养五脏。既可促进母体康复，又能下乳催奶，为新妈妈产后的上等食品。

乌鸡香菇汤

原料

乌鸡1只（约500克），干香菇20克，枸杞少许，生姜片、料酒、盐各适量。

做法

① 乌鸡宰杀治净，用沸水焯烫一下备用；香菇泡发洗净；枸杞洗净备用。

② 砂锅添入清水，加生姜片煮沸，放入乌鸡。

③ 加料酒、枸杞、香菇用小火炖煮至乌鸡酥烂。

④ 加盐调味后煮沸3分钟即可起锅。

功效

此汤可补益肝肾，生精养血，养益精髓，下乳，适用于产后缺乳、无乳或乳房发育不良的新妈妈。

羊肉烧鱼

原料

羊五花肉400克，鲫鱼500克，芫荽、白糖、盐、八角、酱油、胡椒粉、葱段、姜片、食油各适量。

做法

① 将鲫鱼去鳞、鳃，剖腹去除内脏，洗净。

② 将羊肉切成3厘米长，6厘米宽的长方块，放入开水锅中略烫一下，捞出再洗一次，沥干水。

③ 将锅放火上，放入食油烧热，下羊肉炒几下，加水（约650克）、放入部分酱油、葱段、姜片、八角、白糖、盐，烧至八分烂时，转放砂锅中。

④ 将锅放炉火上，放入食油烧热，放入鲫鱼（鱼身两面抹点酱油），煎成两面浅金黄色时取出，放入羊肉锅，内加入剩下的葱、姜、八角、盐、酱油、白糖及烧羊肉的原汤，改用小火烧约30分钟，待鱼酥肉烂时，撒上胡椒、芫荽即可食用。

功效

此品可补气养血、温中暖肾、健脾消肿、下气通乳，具有很好的补益作用。

豌豆炒虾仁

原料

虾仁250克，嫩豌豆（去荚）100克，鸡汤、料酒、水淀粉、盐、植物油、鸡精、香油各适量。

做法

① 将豌豆洗净，投入沸水锅中汆烫一下，捞出来沥干水；虾仁洗净。

② 锅内加入植物油，烧至三成热，倒入虾仁，快速用竹筷划散。

③ 倒入豌豆，大火翻炒几下，烹入料酒，加入鸡汤、盐稍炒，用水淀粉勾芡，加入鸡精调味，淋上香油即可。

功效

豌豆富含粗纤维，能促进大肠蠕动，保持大便通畅，其含有的优质植物蛋白质，可以帮助妈妈提高身体的抗病能力和康复能力，还有利于乳汁分泌。

产后
029
天

钙，帮助预防产后腰酸背痛

不少新妈妈生产后，发现本来整齐漂亮的牙齿松动了。这是为什么呢？其实不是老传统所说的"产后刷牙伤了原牙，才会牙齿松动"，而是因为缺钙。

🍼 产后补钙的好处 💗

● 产后及时补钙，可以防止牙齿出现问题。

● 补钙能帮助新妈妈乳汁分泌充沛，有些新妈妈产后乳汁不足，主要是营养不良和内分泌功能不协调所致。钙是体内多种酶的激活剂，当体内钙缺乏时，蛋白质、脂肪、碳水化合物就不能被充分利用，就会产生乳汁不足现象。

🍼 新妈妈怎么补钙 💗

产后新妈妈体内的钙流失速度特别快，主要都进入到了乳汁中。因此，哺乳的新妈妈每天需要摄入的钙比常人要多，大概在每日 1500 毫克左右。

新妈妈需要多进食含钙丰富的食物。新妈妈每天要多选用豆类或豆制品，一般来讲，摄取 100 克左右豆制品就可获得 100 毫克的钙。同时，食用牛奶、乳酪、海米、芝麻或芝麻酱、西蓝花、虾皮、海带、紫菜、木耳、口蘑、银耳、瓜子、核桃、葡萄干、花生仁等食物。

为了钙的吸收，可吃些富含维生素 D 的食物，如蛋类、乳、肉、黄油、牛肝等。另外，还要注意含钙多的食物不要与含草酸高的蔬菜如菠菜、韭菜、苋菜、笋等同时食用，否则钙不能被人体吸收。

铁，帮助抵抗产后贫血

铁是重要的造血原料，妈妈孕期要满足胎儿生长需要，分娩时失血丢失铁，哺乳时从乳汁中又要失去一些铁，所以产后充足补铁是很必要的。

产后补铁的好处

- 预防缺铁性贫血。
- 保证乳汁质量。

新妈妈怎么补铁

新妈妈补充铁元素的最佳方法，是饮食。女性在孕期及哺乳期每日需要铁 18 毫克，在正常的情况下，每日膳食应供给铁元素仅有 15 毫克左右，人体只能吸收其中的 1/10。

针对这种情况，新妈妈应多吃容易吸收的含铁丰富的食物，如动物肝脏、蛋类、芝麻酱、黑木耳、海带、紫菜、香菇、黄豆等。另外，油菜、菠菜、芹菜（尤其是芹菜叶）、雪里蕻、莴苣、小白菜、番茄、杏、枣、橘子等含铁也较多。民间也常用红枣、花生衣作为补血食品。

铜可促进铁的吸收和利用，故应多食些富含铜食物，猪血含铜较丰富。

蛋白质是构成血红蛋白的重要原料，贫血的人应多食含蛋白质丰富的食物，如牛奶、鱼类、蛋类、黄豆及豆制品等。

今日提醒

在带着宝宝出院前，应咨询医生是否需要补充铁剂，需要提醒的是，补充剂并不能作为健康饮食的代替品，如果饮食习惯不好，即使继续服用多种补充剂，也无法满足身体所需要的营养，最好的办法就是尽量平衡饮食并且注意食物的多样化。

产后 031~032 天

食用红糖时间不宜太长

产后喝红糖水有利于子宫的收缩、恶露的排出和乳汁的分泌，还有利于排尿，防止尿路感染。

宜食用1周左右 ♥

红糖不能无限制地食用，一般说来，红糖宜食用1周左右，因为大部分新妈妈都是初次生产，产后子宫收缩一般是良好的，恶露的色和量均正常，血性恶露一般持续时间为 7～10 天。如果新妈妈吃红糖时间过长，如一个月以上，阴道排出的液体多为鲜红血液，这样，新妈妈就会因为出血过多造成失血性贫血，影响子宫复原和身体康复。

食用红糖要适量 ♥

虽然红糖是月子里的必备食品，但是新妈妈每天食用红糖的量不宜过多，一次一大匙调水喝就可以，每天不超过3次。过多饮用红糖水会损坏牙齿。

糖尿病妈妈不宜食用红糖 ♥

健康新妈妈产褥期一般不忌糖，但患有某些疾病的新妈妈要限量或忌用糖，比如有糖尿病的新妈妈就不能在月子里喝红糖水，否则会加重病情，糖尿病新妈妈除了加强营养，还要严格遵守医生的饮食建议。

产后
033~034
天

产后血虚，从源头上补养

产后血虚可由失血过多、久病血虚、脾胃功能低下所致。血虚又会引起气虚，有什么好的补血方法吗？

健脾暖胃 ♥

胃消化、生血的功能正常，则生命力旺盛。季节更替的时候可以煲当归汤来饮用（但是春季不要喝过多，易上火）。

益气生血 ♥

可食用黄芪、人参、黄精、山药、红枣等，调理身体的气血。

补肾生血 ♥

肾在血液净化中起到关键作用。菟丝子、鹿茸、鹿角胶、阿胶、龟甲胶、枸杞子均对肾有补益作用。

祛瘀生血 ♥

血液瘀滞在身体内，不仅会引起疾病，而且会阻断经脉。常见的活血化瘀之药有当归、丹参、三七、牡丹皮等，可以疏通心血管，使血液畅通无阻。

解毒生血 ♥

月子期间，女性应该注意排毒养颜，可用蒲公英、金银花、连翘、菊花泡茶，多吃苦瓜。

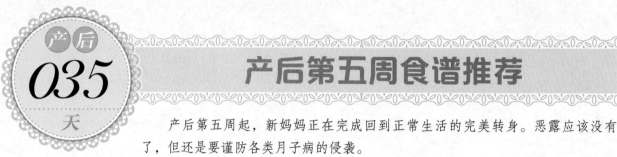

产后第五周食谱推荐

产后 035 天

产后第五周起，新妈妈正在完成回到正常生活的完美转身。恶露应该没有了，但还是要谨防各类月子病的侵袭。

猪蹄金针菜汤

原料

猪蹄1对（约750克），金针菜100克，葱、姜、料酒、冰糖、盐各适量。

做法

① 将金针菜用温水浸泡半小时，去蒂头，换水洗净，切成小段，待用。

② 把猪蹄洗净，用刀斩成小块，焯烫后洗净，放入砂锅内，再加清水适量，放入葱、姜、料酒和冰糖，置于旺火煮沸，加入金针菜加盖，用文火炖至猪蹄烂时即可，盛入碗中加少量盐食用。

功效

此汤养血生精，壮筋益骨，催奶泌乳，对新妈妈乳汁分泌有良好的促进作用，非常适合新妈妈产后食用。

虾仁三片汤

原料

虾仁、腰片、肉片、鸭片、猪肝片各15克，熟笋片25克，高汤500克，水发香菇10克，盐、香油、黄酒各适量。

做法

① 将猪肉、猪腰、竹笋洗净，切成片，香菇水发后撕成条状待用。

② 炒锅洗净，置旺火上，加入高汤，再加入鸭片、猪肝片、肉片、腰片、虾仁、香菇和笋片，加入少许冷水，用勺子淘散，推匀使血水跑出溶于汤中，烧至微滚，撇净浮沫。

③ 待汤清后，加入盐、黄酒略滚，起锅装碗，滴上几滴香油即可。

功效

此汤补益肝肾、生精养血、壮筋健骨。

清炖鸡参汤

原料

水发海参 400 克，童子鸡 750 克，火腿片 25 克，水发冬菇 50 克，笋花片 50 克，鸡骨 500 克，小排骨 250 克，料酒、盐、葱段、姜片各适量。

做法

① 将发好的海参洗净，下开水锅汆一下；鸡骨、小排骨洗净，斩成块，与收拾干净的童子鸡一起下开水锅汆一下，洗净血秽；冬菇去蒂，洗净泥沙。

② 将海参、童子鸡放在汤碗内，笋花片放在海参与童子鸡间的空隙两头，火腿片放在中央，加入料酒、味精、盐、葱段、姜片、鸡骨、小排骨、高汤，盖上盖子，上笼蒸烂取出，除去鸡骨、排骨，捞去葱姜即可食用。

功效

此汤补肾益精、养血润燥、健脾壮骨、培益脏腑，适合产后体虚者。

排骨蘑菇煲

原料

排骨 500 克，鲜蘑菇、番茄各 100 克，料酒、盐、味精各少许。

做法

① 排骨用刀背拍松，再敲断骨髓，斩为块状，放入沸水内汆一下，洗去血水，捞出后加入料酒、盐腌制 15 分钟；蘑菇、番茄洗净，分别切成厚片。

② 砂锅加适量水后烧沸，放入排骨，撇去浮沫，加入蘑菇片、番茄片，转为小火，煲 30 分钟。

③ 出锅前加入盐、味精调味即可。

功效

此品可养血生津、健脾益气、滋阴润肺，非常适合身体虚弱的新妈妈食用。

新妈妈忌用的西药

新妈妈用药应特别慎重。有些药物能够抑制乳汁分泌，有些药物能通过血液循环进入乳汁，影响新生儿身体健康。

新妈妈生病用药要特别慎重

大多数药物能通过血液循环进入乳汁，或使乳汁量减少，或使新生儿中毒，损害新生儿的肝功能，甚至抑制骨髓功能，抑制呼吸，引起皮疹等。

对新生儿影响较大的药物

• 抗生素，如红霉素、氯霉素、四环素、卡那霉素等。

• 镇静、催眠药，如鲁米那、阿米托、安定、安宁、氯丙嗪等。

• 镇痛药，如吗啡、可待因、美沙酮等。

• 抗甲状腺药，如碘剂他巴唑、硫氧嘧啶等。

• 抗肿瘤药，如5-氟尿嘧啶等。

• 其他药物，如磺胺药、异烟肼、阿司匹林、麦角、水杨酸钠、泻药、利血平等。

总之，新妈妈用药、打针要在医生指导下进行。如果治疗需要上述药物，应暂停哺乳，人工喂养。

哺乳妈妈服用某些药物的后果

哺乳的新妈妈服用红霉素后，每毫升乳汁中含有0.4～0.6毫微克的红霉素，就会引起新生儿肝脏损害，出现黄疸；新妈妈服氯霉素，可使新生儿腹泻呕吐、呼吸功能不良、循环衰竭及皮肤发灰，形成"灰色婴儿综合征"，此症影响新生儿造血功能；新妈妈使用四环素可使新生儿牙齿发黄；服用链霉素、卡那霉素可引起新生儿听力障碍；服用磺胺药可产生新生儿黄疸；长时间使用巴比妥，可使新生儿患高铁血红蛋白症；氯丙嗪和安定，也能引起新生儿黄疸；灭滴灵，则使新生儿出现厌食、呕吐等；麦角生物碱，会使新生儿恶心、呕吐、腹泻；利血平则使新生儿鼻塞、昏睡；避孕药会使女婴阴道上皮细胞增生。

产后

037~038

天

新妈妈忌用的中药

中药一直以来备受人们的推崇，因为中药的调理功能比较强，既治标，又治本。但正在哺乳的新妈妈应慎用任何药物，要听从医生指导。

🍼 部分中药对新妈妈有调理作用 💗

对新妈妈来说，在产后服用某些中药，可以达到补正祛瘀的作用，对身体很有好处。如产后保健汤，包括以下草药：当归、桃仁、红花、益母草、炙甘草、连翘、败酱草、枳壳、厚朴、生地、玄参、麦冬等，可以滋阴养血、活血化瘀、清热解毒、理气通下，可以改善微循环，增强体质，促进子宫收缩，促进肠胃功能恢复及预防产褥感染。另外，还有一些中药如遂草、王不留行、穿山甲等，有通气、活血、下乳等功效。

🍼 须在医生指导下服用中药 💗

如果认为中药对人体的副作用微乎其微，那就大错特错了。有一些中药对新妈妈的健康及新生儿的身心发育等均会造成伤害，因此产后仍应在医生指导下，按量、有时限地服用中药。

🍼 新妈妈禁吃的中药 💗

• 大黄、芒硝、枳壳、枳实、甘遂、大戟、芫花、青皮、牵牛子、车前子等，易伤正气，影响乳汁分泌。

• 山楂、神曲、麦芽等，均有一定回乳作用，新妈妈不宜吃。

• 黄芩、黄连、黄柏、双花、连翘、栀子、大青叶、板蓝根、玄参、生地黄、熟地黄等，寒凉滋腻，损伤脾胃，影响新妈妈食欲，不利于下乳。

• 牛膝能引血、引热下行，亦有回乳作用。

• 栀子金花丸、回清丸、消积丸、七厘散等，新妈妈应慎用。

产后
039~040
天

水果中的产后补益之品

产后新妈妈可以适当吃一些水果，能帮助新妈妈摄入丰富的维生素和微量元素，需要注意的是，不能选择寒凉的水果。

苹果

苹果味甘凉，性温，主要为碳水化物。含有丰富的苹果酸、鞣酸、维生素、果胶及矿物质，可预防和治疗坏血病、癞皮病，使皮肤润滑、光泽。其黏胶和细纤维能吸附并消除细菌和毒素，能涩肠、健胃、生津、开胃和解暑，对治疗新妈妈腹泻效果更佳。苹果还能降低血糖及胆固醇，有利于患妊娠高血压综合症、糖尿病及肝功能不良新妈妈的产后恢复。

橘子

橘子中含维生素 C 和钙质较多，维生素 C 能增强血管壁的弹性和韧性，防止出血。新妈妈子宫内膜有较大的创面，出血较多，如果吃些橘子，便可防止产后出血。钙是构成婴儿骨骼牙齿的重要成分，适当吃些橘子，能够通过新妈妈的乳汁把钙质提供给婴儿，促进婴儿牙齿、骨骼的生长。

红枣

红枣中含维生素 C 最多，还含有大量的葡萄糖和蛋白质。中医认为，红枣是水果中最好的补药，具有补脾活胃、益气生津、调整血脉、和解百毒的作用，尤其适合产后脾胃虚弱、气血不足的人食用。其味道香甜，吃法多种多样，既可口嚼生吃，也可熬粥蒸饭熟吃。

香蕉

香蕉中含有大量的纤维素和铁质，有通便补血的作用。新妈妈多爱卧床休息，胃肠蠕动较差，常常发生便秘。再加上产后失血较多，需要补血，而铁质是造血的主要原料之一，所以多吃些香蕉能防止产后便秘和产后贫血。摄入的铁质多了，乳汁中铁质也多，对预防婴儿贫血也有一定帮助作用。

产后 041~042 天

产后第六周食谱推荐

新妈妈月子期的饮食要合理搭配。饮食不当，容易造成脂肪堆积、肥胖。

木瓜煲鳅鱼汤

原料

木瓜1个，泥鳅400克，生姜片4片，杏仁1汤匙，蜜枣8粒，盐少许。

做法

1. 木瓜去皮，去核，洗净，切块；将泥鳅收拾干净；将杏仁、蜜枣分别洗净。
2. 油锅烧热，放入泥鳅鱼煎香至透，盛出。
3. 将清水适量放入煲内煮沸，放入姜片、泥鳅鱼、杏仁、蜜枣，煲加盖，用文火煲1小时；加入木瓜，再煲半小时，加入盐调味即可。

功效

此汤补虚，通乳。木瓜煲鳅鱼汤是我国民间传统的催乳验方。

葱焖鲫鱼

原料

鲫鱼1条约500克，白糖、黄酒、葱段、甜面酱、姜丝、酱油各适量。

做法

1. 将鲫鱼收拾干净，在鱼身两侧划几道斜刀花，用酱油抹匀，腌渍待用。
2. 油锅烧热，放鱼煎至两面呈金黄色时盛出；锅中留余油烧热，下葱段、姜丝，爆炒至葱变黄色时，加入甜面酱炒几下，放鲫鱼、酱油、白糖、黄酒和水200克，大火烧开，盖上锅盖，改用小火焖烤7~8分钟，将鱼翻一次身，连续焖烤10分钟，至汤汁稠时即成。

功效

此品补气益身，生精养体，能催乳，产后食用有促进乳汁分泌作用。

荤荞鱼卷

原料

黄鱼肉100克，肥猪肉、荸荠、荠菜各25克，鸡蛋清30克，油皮50克，葱末、姜末、小苏打、盐、面粉、干淀粉、料酒、香油各适量。

做法

① 将黄鱼肉、肥猪肉、荸荠、荠菜均洗净，切细丝，加入葱末、姜末、鸡蛋清、料酒、盐、香油调成肉馅。

② 把油皮一张切成两半，各铺平混合的鱼肉馅，再卷成长卷，外面抹上细糊后，切成3厘米长的小段，蘸上用面粉、淀粉、小苏打和清水调成的面糊，放在油锅中炸成金黄色，起锅食用。

功效

此品益气养血、强筋壮骨、健脑添髓、舒筋活血，对产后女性康复及乳汁的分泌均有促进作用。

苹果鲜蔬汤

原料

苹果、玉米粒、番茄、圆白菜、胡萝卜各50克，水发香菇3朵，西芹、姜片各适量，橄榄油、盐各少许。

做法

① 将苹果洗净，去核，切块；胡萝卜洗净，去皮，切块；番茄洗净，切块；圆白菜剥开叶片，洗净；西芹去老皮，与香菇均洗净，切片。

② 锅置火上，烧热，倒入橄榄油，下入胡萝卜块、香菇片炒香。

③ 再倒入2碗水煮开，加入苹果块、玉米粒、番茄块、圆白菜、西芹、香菇片煮至胡萝卜熟软，再加入盐煮至入味即可。

功效

苹果有消脂作用，玉米、圆白菜中也含有丰富的膳食纤维，可帮助新妈妈排出体内的代谢垃圾。

坐月子  每日三餐营养配餐方案

组 序	早 餐	中 餐	晚 餐
配餐方案 1	南瓜派 煎蛋 虾仁馄饨汤	酱菜肉末豆腐 羊肉烧茄子 乌鸡白凤汤 米饭	南瓜炒豆腐 双冬梅菜扣肉 木瓜煲鳅鱼汤 米饭
配餐方案 2	鸡蛋肠粉 白水煮蛋 芝香海带丝	排骨蘑菇煲 香菇烧冬瓜 虾仁粉丝萝卜汤 素面	三杯鸭 什锦豆腐 花生红枣莲藕汤 炒饭
配餐方案 3	煎火腿奶酪蛋饼 酸辣萝卜丝 小米鸡蛋红糖粥	灌汤丸子 红烧鸡翅 丝瓜蛋花汤 馒头	凤梨虾球 葱焖鲫鱼 山药汤 稀饭
配餐方案 4	蛋卷寿司 花生核桃露 煎蛋	荸荠鱼卷 风味茄子 猪蹄金针菜汤 扬州炒饭	青豆豉金针 春韭虾仁小炒皇 虾仁三片汤 稀饭
配餐方案 5	黑米红豆粥 茶叶蛋 黄金馒头	梅干菜蒸排骨 红油藕片 清炖鸡参汤 米饭	竹荪莲子猪心 美极杏鲍菇 苹果鲜蔬汤 馒头

组 序	早 餐	中 餐	晚 餐
配餐方案 6	鲜肉小笼 莴苣猪肉粥 茶叶蛋	豌豆炒虾仁 白萝卜烧牛腩 花生百合银耳羹 水晶西米粽子	鲜蘑蛋白 黄花菜煲排骨 乌鸡香菇汤 米饭
配餐方案 7	北海道吐司面包 煎蛋 冰糖银耳汤	蒜香炒苋菜 鲜虾粉丝煲 奶白鲫鱼汤 米饭	黄油土豆块 脆炸椒盐龙头鱼 芦笋浓汤 稀饭
配餐方案 8	胡萝卜鸡蛋饼 南瓜花球 牛奶	虎皮青椒 羊肉烧鱼 青橄榄猪骨汤 馒头	拔丝山药 红烧紫薯排骨 春笋豆腐汤 花卷
配餐方案 9	生滚鱼片粥 白水煮蛋 双色梅菜肉包子	肉末蒸蛋 芥蓝炒牛肉 洋葱南瓜玉米浓汤 稀饭	姜丝麻油煎鸭蛋 黄豆酱焖乌头鱼 红枣桂圆木瓜汤 米饭
配餐方案 10	猪肝瘦肉粥 银丝花卷 莲子红枣豆浆	炒凉粉 葱油鸡 平菇鱼丸汤 面条	贵妃鸡翅 清炒山药片 薏米木耳甜汤 馒头